かわいい北欧

ナシエ

イースト・プレス

こんにちは！イラストレーターのナシエです
北欧
日本
北欧が好きで旅を重ねています♪
フィンランドやスウェーデンなど北欧は豊かな自然と…
キラキラ
さらにハイセンスなデザインでも有名ですよね
デザイン大国!!
design
大胆さと繊細さを兼ね備えた北欧デザインから元気をもらっています
ブランドものはもちろんですが
マリメッコ
現地ではスーパーや郵便局など
お菓子
Marianne
銀行でもらえる
貯金箱
SVERIGEBREV
切手
日常にステキデザインがいっぱい！
日常の生活にもかわいいデザインが散りばめられているんです

またシンプルであたたかい自然素材の手工芸品も素敵で癒やされています
うっとり…
寝ても覚めても北欧に夢中
そしてすっかり北欧のとりこに…
仕事は!?
そんな私がこの本でよりすぐりの
北欧の〝かわいい〟ものたちをご紹介していきます!
また絵本や映画など興味深い北欧カルチャーもご紹介しますね
こんにちは、
長《なが》くつ下《した》のピッピ
それにくわえて
かわいい伝統工芸を求めてスウェーデンはダーラナ地方を旅した時の紀行マンガや
簡単な北欧料理のレシピなども…
それでは北欧の魅力をたっぷりと味わってください!
行ってみましょー!

marimekko

第3章

第4章

第5章

ぶた

かずのえほん

シンプル・シモン

Armi elää!

第1章

北欧雑貨あれこれ

デザイナーズ編

ハイセンスなデザインの北欧雑貨。
お気に入りをご紹介します。

「マリメッコ」の雑貨や服
壁かけ
この存在感！空間にメリハリができる♪
カーテン
マリメッコはフィンランド語で「マリちゃんのドレス」という意味です
世界的に広く知られるマリメッコ
marimekko
フィンランドのファッションブランドで現地でもいたるところで目にします
こちらは最も代表的な柄の〝ウニッコ（UNIKKO）〟です
〃ホピーをモチーフにしている〃
アルミ・ラティアデザイン
Armi Ratia
はじめて見た時は衝撃的でした
このインパクトはなんなんだ
マリメッコのデザインは大胆な柄とポップな色使いが魅力なんです

一例を紹介します
絵柄のモチーフは動物・植物・風景など身近なものが多いよ
“カイヴォ(KAIVO)”
泉という意味。水面の波紋を想起させます
デザイナー:マイヤ・イソラ
“パッカネン(PAKKANEN)”
氷点下という意味。寒空の下ナナカマドの実を食べる冬鳥
デザイナー:マイヤ・ロウエカリ
“プケッティ(PUKETTI)”
かわいらしい小花がちりばめられた花束。
デザイナー:アニカ・リマラ
線を描くときはパソコンではなくフリーハンドで暖かみのある線にしてるんですって
1961年の創業当初はテキスタイルメーカーでしたが
現在は洋服、鞄、食器など生活雑貨も充実しています

ナシエの持っているアイテム紹介

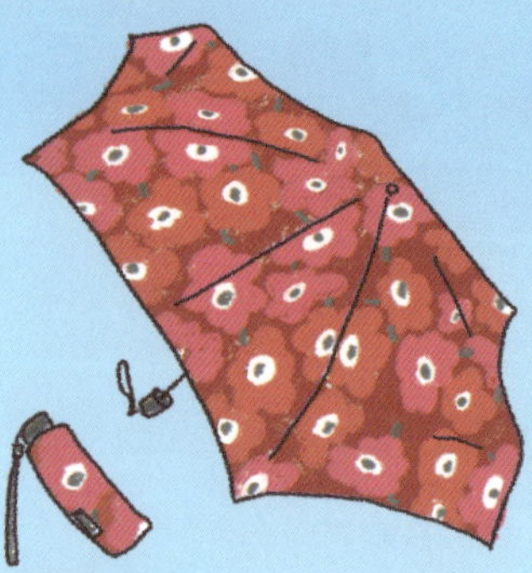

折り畳み傘

"ウニッコ（UNIKKO）"
コンパクトで軽量なところがお気に入り。柄がラバーグリップなところもうれしい。憂鬱な雨の日もこれで乗り切れます

がまぐちポーチ

"ウニッコ（UNIKKO）"
大きながまぐちでかわいい！ 私はペンケースとして使用。カバンにいつも入れています

トートバック

日本限定のボーダー柄。内ポケットがついています。荷物が少ない時は上部を折りたたんでコンパクトにできるすぐれもの

ミニトートバッグ

厚みのあるキャンバス地。丁寧に縫製されているので長く使えそうです

エコバック

ヘルシンキの直営店でノベルティとしていただいたもの

テーブルクロス

"ウニッコ（UNIKKO）"
食卓がいつも華やかで、買って良かったと感じるアイテム。コーティングされているので汚れに強くて◎

エプロン

"ヴィヒキルース（Vihkiruusu）"
フィンランドの郵便局でひと目ぼれ。マリメッコショップでは見かけず不思議に思っていたら郵便局限定のものでした

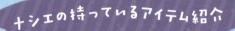

ワンピース
“タサライタ（Tasaraita）”
しっかりとした厚みに、コットン素材100%だから肌触りもよく柔らか。着心地がやみつきになります！
ワンピース
“プケッティ（PUKETTI）”
フィンランド語で花束という意味のワンピース。乙女心をかなりくすぐります。薄手で伸びの良い生地なので体にフィット
ワンピース
“キスキス（Kiss Kiss）”
体のラインが出すぎない絶妙のボディライン。ストレッチ素材なのにフォーマル感もあって重宝します
ファブリック
“ルミマルヤ（LUMIMARJA）”
棚に合うように生地を計ってミシンをかけました。部屋がとてもさわやかになり、目にも優しくかなり気に入ってます
フィンランドの豊かな自然を身近に感じ
元気をもらったり癒やされたりするんです

「リサ・ラーソン」の陶器フィギュア
なんとも言えない表情が魅力的！
1931年スウェーデン南部に生まれた世界的な陶芸家・デザイナー
見てください このつぶらな瞳
そして 手足の絶妙なバランス！
Bulldog
Harry
Lion
Diecicat
手の上に コロンとのせたら
コロン…
かわいくて たまりませんっ
サイズはいろいろありますが このサイズがスキ♡
この陶器のフィギュアは リサ・ラーソンさんの作品
Lisa Larson

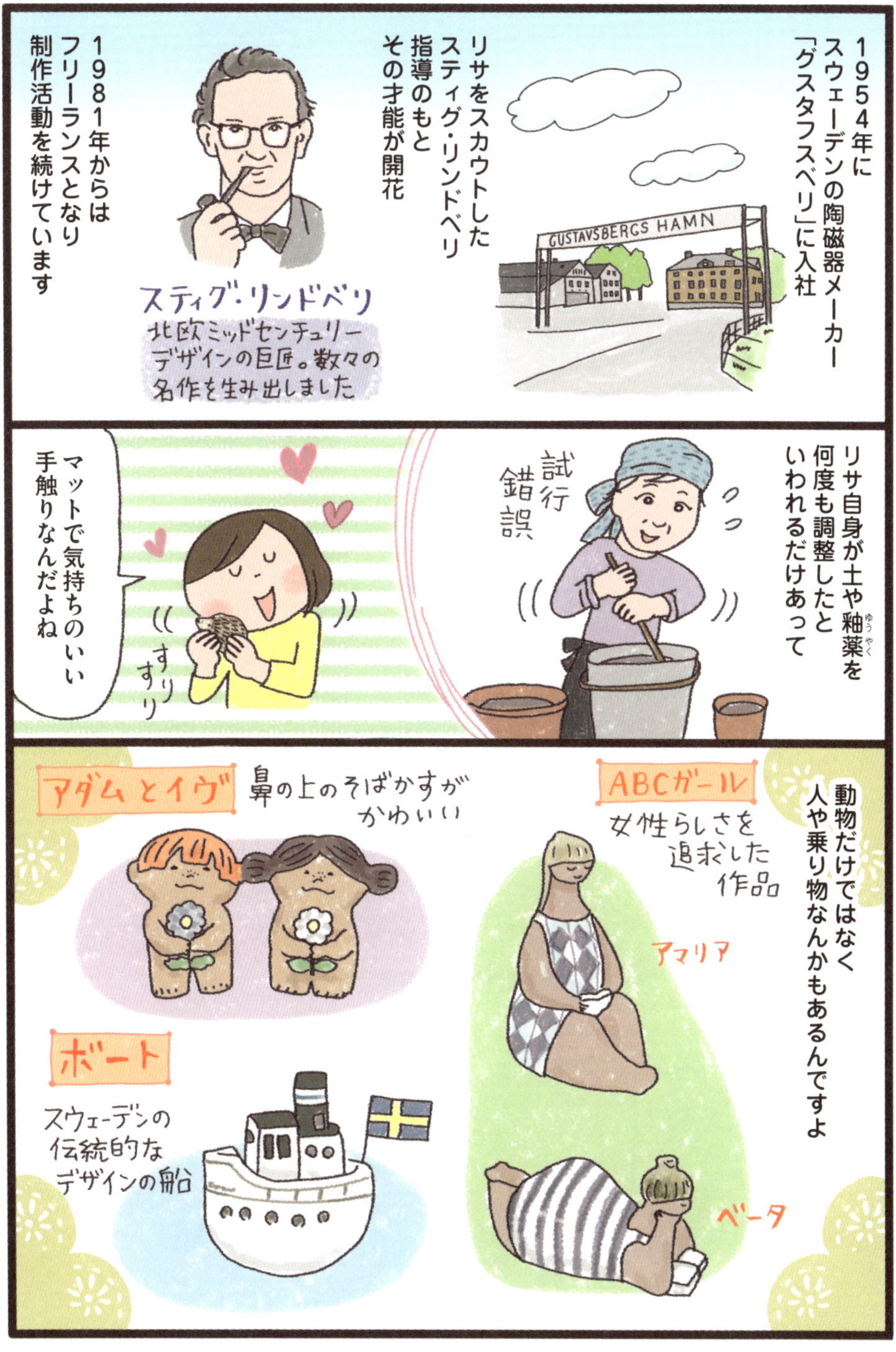
1954年に
スウェーデンの陶磁器メーカー
「グスタフスベリ」に入社
GUSTAVSBERGS HAMN
リサをスカウトした
スティグ・リンドベリ
指導のもと
その才能が開花
スティグ・リンドベリ
北欧ミッドセンチュリーデザインの巨匠。数々の名作を生み出しました
1981年からは
フリーランスとなり
制作活動を続けています
リサ自身が土や釉薬《ゆうやく》を
何度も調整したと
いわれるだけあって
試行錯誤
マットで気持ちのいい
手触りなんだよね
すりすり
動物だけではなく
人や乗り物なんかもあるんですよ
ABCガール
女性らしさを追求した作品
アマリア
ベータ
アダムとイヴ
鼻の上のそばかすがかわいい
ボート
スウェーデンの伝統的なデザインの船

スカンセン シリーズ
「スカンセン」とは、ストックホルムにある野外博物館。
そこにある動物園の動物たちがモチーフになっています
1976年の作品
私が特に好きなのはこちら
Skansen
Moose
このどっしり感いい〜!
ほほえんでる?
Polar Bear
つるんとした質感が一番合ってるかも?
Fox
Reindeer
ほんわかやさしい表情
Seal
クッキーみたいなツノがステキ
スウェーデンに生息する動物たちだから北欧好きとしてはよりグッとくるんです
森の王様
とくにヘラジカかっこいい
そしてこちらは陶板
フィギュアだけじゃないんですよ

陶板の作品はフィギュアとは違って少しシュールでノスタルジック
UNIKシリーズ Faglar 二羽の鳥
Drabant 王様に仕える近衛兵
UNIKシリーズ Skepp ヴァイキング船
釉薬の淡いにじみが幻想的な世界を創りだしています
リサの作品からは楽しみながら自由に創作してる感じが伝わってくるんだよね
大きなサイズのライオン
スティグ・リンドベリさんもきっとそう感じたんだろうな
今や大人気のリサ・ラーソン
リサ・ラーソン展
すごい
日本製のグッズもたくさん売られネコのマイキーは定番アイテムになっています
お弁当箱
扇子
ぬいぐるみペンケース
マイキー

「アーリッカ」のトントゥ

素朴な雰囲気と
丸いフォルムに癒される
サンタクロースをお手伝いする妖精トントゥのかわいいオブジェ
フィンランドの小人の妖精「トントゥ」
tonttu
身の回りの至る所に住んでいます
大変〜!!
サウナの後の消し忘れた火を消してくれたりするんですよ
クリスマス時季は大忙し、サンタクロースのお手伝いもしています
フィンランドはサンタクロースで有名ですが
人気!
雑貨屋さんではサンタクロースのものよりトントゥの方が多く売られているんです

なかでも一番人気なのが
フィンランドを中心に
世界各国で愛されてます
aarikka
aarikka
フィンランドのブランド
「aarikka（アーリッカ）」の
トントゥです
創業者、カイヤ・アーリッカさんが
卒業制作で洋服をデザインした時
ピッタリのボタンが見つからず
私の想像イメージ
これだわ！
自分で木製のボタンを
作ったところ…
このボタンが評判になり
ネックレスやイヤリングを
制作したのが
ブランドのはじまりだとか
アクセサリーもたくさんあるよ！
アーリッカのトントゥは
品質の良いフィンランドの
木材を使用
鮮やかな赤がいい！
シンプルでナチュラルな
あたたかさがあります
お部屋の窓辺やテーブルなどに
置くだけでグッと
クリスマスの雰囲気に
トントゥは毎年
いろんなタイプが
追加されています
ベルトントゥ
つりトントゥ
スポーツトントゥ
集めたくなる～

「アルテック」のクッションカバー
ずっと使っているおきにいりのアイテムです
1935年設立、フィンランドの北欧を代表するインテリアブランド
何だか殺風景…
アクセントがほしいなぁ
北欧のファブリックを使ったクッションカバーを置いてみたらどうだろう
そうだ！
というわけで私が選んだのはこちら
「アルテック」の〝シエナ（SIENA）〟イエローとブラック
色違いでブルーとレッドがあります
控えめで個性的♡ピアノの鍵盤のような角がとれた長方形が整列しスマートだけど柔らかい印象

「アルテック」は
北欧モダンを代表するインテリアブランド
ベストセラーのチェア
スツール60
通称ゴールデンベル
ペンダントライト A330S
Finland
パイミオチェア
サナトリウムのためにデザイン
アルヴァ・アアルト
フィンランドが生んだ世界的な建築家、デザイナー
北欧を代表するブランドだよ
1935年にアルヴァ・アアルトさんが
自作の家具を販売するために
妻アイノさんらと共に設立
夫妻はイタリアが大好きで
SIENAという柄は
イタリアの街シエナから
インスピレーションを
受けたそうです
シエナ大聖堂
お〜しましま!!
当時はイタリアのものを
取り入れるのが
オシャレだったんだって
ボンジョルノ!
アアルトは自ら設計した建築の
内装のためにデザインし
ヘルシンキの自宅でも
使っていました
カーテンやピアノのカバーに
部屋の印象が変わった!
アアルトの自宅とおそろい
なんてうれしいな〜
シンプルでモダン
一気に北欧気分!

「アルヴァ・アアルト」のフラワーベース
個性的な花器にワクワク
フィンランドのデザイナー、アアルトがデザインした美しく波打つ花瓶
20世紀を代表する世界的なデザイナーアルヴァ・アアルト
Alvar Aalto
彼がデザインした有名な花瓶があるんです!
80年ほど前の作品なのに見れば見るほど美しい
MOMAのパーマネントコレクションになっています
アアルトが内装を手がけたヘルシンキの老舗レストラン「サヴォイ」に置かれたことから〝サヴォイベース〟とも呼ばれています
アアルトベースと呼ぶ人も
美しく波打つ曲線は見る角度によって表情が変わるんです
こんな形見たことがありますか?
アップルグリーン
デザート
カラーやサイズもいろいろ

この形 モチーフに諸説あるらしいのですが
フィンランドの湖？
オーロラ？
私は北極圏に住む女性の民族衣装の裾だと聞いたことも
サーミ族のスカートのひらひら？
定番はクリアですが
私はクリアかホワイトかとっても悩みました
9.5cm ホワイト
フィンランドでは決めきれず移動先のノルウェーで購入しました
クリア
○ ガラスの透明感が際立つ
○ 水量をチェックできる
× 茎のごちゃごちゃが見える
ホワイト
× 透明感は楽しめない
○ 茎のごちゃごちゃは見えないので気楽さがある
ホワイトに決定～!!
個性的な形なのでどう活けるか毎回楽しみです
バラ
端によせたり
同じ方向に
チューリップ
カーネーション
ランダムに挿したり

「エーケルンド」のキッチンタオル
芸術性があるキッチンタオル
大切に使いたい
最高級のリネンやコットンで作られる、皇室御用達の織物ブランド
北欧雑貨屋さんで見かけた布
織物なのに絵画のよう
手にとって見てみると
ん!?
色んな色の糸を織り交ぜてある!
Ekelund
なのに重くない!収縮性があって柔らかい～
これは6世代450年間に渡るスウェーデンの老舗織物メーカー「エーケルンド」（Ekelund）のものです
世界で一番古いといわれるテキスタイルカンパニー
Ekelund
MASTER WEAVERS SINCE 1962
MADE IN SWEDEN
Sweden
Sweden
100年以上も王室の御用達として納めてるんだって!

エーケルンドが開発した多色織りの技術は
2度織りの必要がないため布に柔らかさが出るのです
これがキッチンタオルだなんて！こんな綺麗なもの使えない～
スウェーデンではお客様用にするらしい
＼絵柄がたくさん／
芸術性が高いのでタペストリーとしても人気があるそうですよ
トムテ
フィンランドでは「トントゥ」スウェーデンでは「トムテ」と言います
ニルスの不思議な冒険
ダーラナホース
Pippi
長くつ下のピッピ
テーブルランナーやブランケットもあるよ
スウェーデンらしいデザインが多くあります
染料もすべて自然素材を使用しているそう
さすが北欧！環境先進国だね
オーガニックコットン…

「アルメダールス」のキッチンタオル

キッチンが華やかに♪
レトロなかわいさ！ 生活に根付いたイラストが魅力
エーケルンドでもご紹介しましたが
北欧のキッチンタオルってレベルが高いんです！
タオル天国
なかでもデザイン的にビビッときたのがスウェーデンの「アルメダールス」というブランドです
スウェーデンでも愛されてます
almedahls
1848年に設立されたスウェーデンを代表するテキスタイルメーカー
テキスタイルだけでなくキッチン用品全般を扱っています
キッチンタオルをご紹介！
ニシン
モチーフはスウェーデンでよく食べられているニシン。ニシンがこんなにポップに描かれていてビックリしました

カフェタイム
スウェーデンのお茶の時間にこういうものがテーブルに並ぶんだろうな～と想像がふくらみます
ポーセリン
ポーセリンは「磁器」という意味。絵に躍動感があって楽しい。色の組み合わせが絶妙！
ハーブポット
「ペーションさんのスパイス棚」という名前のシリーズ。デザイナーは友達の家の棚に並んだハーブポットにインスピレーションを受けたそう
そして私の一番のお気に入りは
マッシュルーム
秋を感じさせる配色で北欧のかわいいキノコたちがいっぱい描かれています
赤いのは食べちゃダメなやつです
ベニテングダケ
「アルメダールス」は生活に根付いたイラストが多くキッチンやダイニングにとても合うんです
炊飯器やトースターの目隠くし
かわいらしくて毎日の家事が楽しくなっちゃう

ブランド品のペーパーナプキン

お茶の時間やピクニックが多いフィンランドならでは
コレクション欲も出てきちゃう
marimekko
marimekko
marimekko

フィンランド旅行のお土産としてオススメしたいものNo.1

街なかにあるスーパーマーケット
S MARKET
K MARKE
いろんなスーパーがありますが
そこに「マリメッコ」のペーパーナプキンが売られているんです
marimekko

“ウニッコ（UNIKKO）”
marimekko
“コンポッティ（KOMPOTTI）”
“ウニッコ（UNIKKO）”
marimekko
“クルイェンポルヴィ（KURJENPOLVI）”
marimekko
サイズは10cm角と15cm角
布生地だとあれこれ使い道を考えちゃうけど
ペーパーナプキンは気軽に買えちゃう

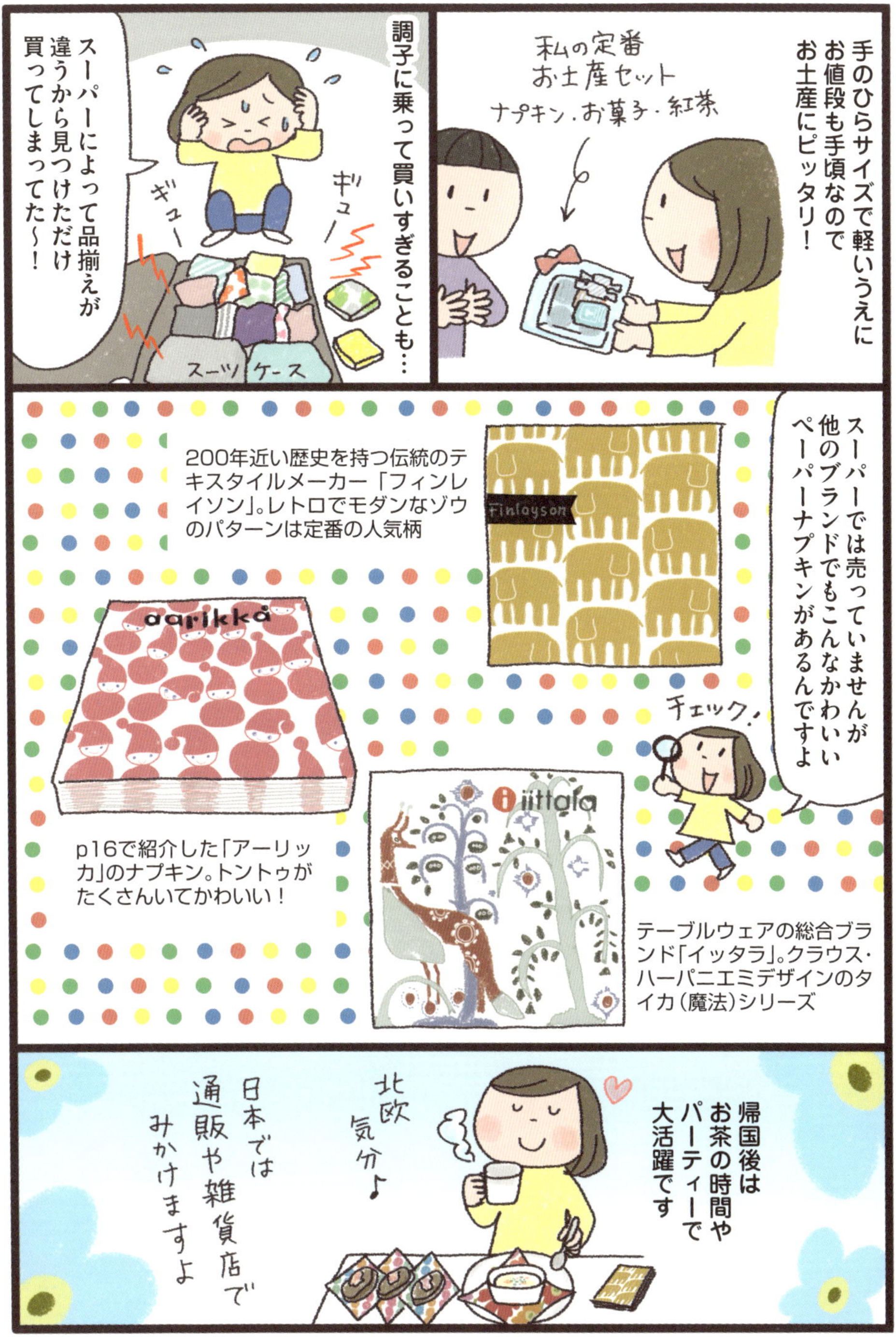
手のひらサイズで軽いうえにお値段も手頃なのでお土産にピッタリ！
私の定番 お土産セット
ナプキン・お菓子・紅茶
調子に乗って買いすぎることも…
スーパーによって品揃えが違うから見つけただけ買ってしまってた～！
ギュー
ギュー
スーツケース
スーパーでは売っていませんが他のブランドでもこんなかわいいペーパーナプキンがあるんですよ
チェック！
Finlayson
200年近い歴史を持つ伝統のテキスタイルメーカー「フィンレイソン」。レトロでモダンなゾウのパターンは定番の人気柄
aarikka
p16で紹介した「アーリッカ」のナプキン。トントゥがたくさんいてかわいい！
iittala
テーブルウェアの総合ブランド「イッタラ」。クラウス・ハーパニエミデザインのタイカ（魔法）シリーズ
帰国後はお茶の時間やパーティーで大活躍です
北欧気分♪
日本では通販や雑貨店でみかけますよ

「ヴィクトリア」のエッグソープ

朝は洗顔
夜はパック
使い方
2通り
LANLOIN AGG TVAL
レトロなデザインでスウェーデンカラーが魅力の洗顔ソープ
スウェーデン旅行中
エッグソープ?
スウェーデン生まれの洗顔ソープなんだ
LANOLIN-AGG-TVAL
EGGWHITE FACIAL CARE
SWEDEN
帰国後
特に期待もせず使ってみたところ
どれ どれ
ジャブ ジャブ
おお〜っ!
コーティングされたような質感!
エッグソープの名前通り洗いあがりつるつるタマゴ肌!
※ ウソじゃないです!
なにこれ?
検索 検索〜〜〜!
PC
ぴゅーっ

スウェーデン王妃も愛用しているスウェーデン王室献上品!?
100年の歴史と伝統！
美容大国韓国でも大人気!?
カチャ
カチャ
エッグソープには卵白に含まれるレシチンやラノリン、
香りの良いローズウォーター等が配合されているとか
卵白を利用した洗顔法はスウェーデンの家庭でよく行われていたそう
レトロなパッケージに歴史あり！
もちもちつるつる
高級感のあるいい香り～
なかなかのすぐれものだね！
日本でよく見かけるのはこのパッケージです
ぜひ使ってみてね
なんと成分のレシチンとラノリンが2倍になったんですって
LANOLIN·ÄGG TVÅL
EGGWHITE FACIAL CARE
SWEDEN
ちなみに前回スウェーデンへ行った時新しくボディソープが出ていました！
北欧らしい香りのラインナップ
甘くて乙女な香り
一番おすすめ
SWEDISH BODY CARE
SWEDEN
2.4 OZ. NET WT. 70 G
コケモモ（Lingon）
SWEDISH BODY CARE
SWEDEN
2.4 OZ. NET WT. 70 G
クラウドベリー（Hjortron）
SWEDISH BODY CARE
SWEDEN
2.4 OZ. NET WT. 70 G
ブルーベリー（Blåbär）

「ビョルク&ベリーズ」のコスメ
スキンケア以外にもアロマキャンドルも
BJÖRK & BERRIES
WHITE FOREST SCENTED CANDLE
BJÖRK & BERRIES
NEVER SPRING BODY WASH
スウェーデンらしい!
個性的な香りとセンスに脱帽、スウェーデン生まれの自然派化粧品
スウェーデンの美しい豊かな自然がぎゅっと詰まったオシャレな化粧品ブランドがあるんです
BJÖRK & BERRIES
主原料の90~95%は自然素材
ストックホルムにある「オーレンス」というデパートに立ち寄った時に
ÅHLÉNS
「Björk&Berries」(ビョルク&ベリーズ)というブランドに釘付けに!
全体の雰囲気からパッケージまで何だか洗練されてる!
モノトーンの写真やラベルの色味文字フォントがかっこいい~
ん何これ?香りの名前!?

NEVER SPRING
春への憧れを香りに。甘くてドライな木の香り
DARK RAIN
秋の日の最初の雨をイメージ。土と湿った木と琥珀の香り
この繊細さに
ズキューン!!
BJÖRK & BERRIES WHITE FOREST HAND WASH
BJÖRK & BERRIES NEVER SPRING HAND WASH
BJÖRK & BERRIES DARK RAIN HAND WASH
WHITE FOREST
白樺を含む深い森の神秘的な香り
この3種類の香りがバリエーションのスキンケア
豊かで深い自然が身近にないとこんな香り思いつかないだろうな～!
目のつけどころのセンスが抜群!
一本!!
どれかひとつお土産に買いたい～!
どの香りにしよう～
ということでDARK RAINのハンドソープを買いました
静かで落ち着いた大人な香りスーっとしているけど少し甘くて癖になりそう♡
スウェーデンの雨の日を想像しつつ
当時のレートで2000円くらい250ml入り
デパートやアーランダ空港に売っていますので
ぜひ見つけてくださいね

「エステル＆ティルド」のコスメ
使うたびに乙女な気持ちに
お肌にもやさしい
ベビーから大人まで。ラインナップ豊富なオーガニックコスメ
キュートで洗練されたパッケージが魅力的！乙女な雰囲気のコスメです
セレブ感もあり
estelle & thild
STOCKHOLM
ラインナップは幅広くベビーに使えるスキンケアもあるんです！
抑えた色味からやさしさが伝わる
それもそのはずブランドを立ち上げたペニラ・ローンバリさん
出産後、子どもの肌に優しいスキンケアがないことに驚き
オーガニックのものはないの!?
自分で作り始めたんだそう
ないなら作るよ!! 待っててね
すごい!

農薬や有害な化学成分を一切使用してないのでお肌にも環境にも優しい
オーガニックコスメ
消費者目線で作られたものって安心感がありますよね
だって変なの使いたくないもん
私が購入したのは唇に栄養と潤いを与えてくれるリップバーム
ベリーベリー
落ち着いた色味
箱もデザインされててかわいい〜♡
塗りやすい斜めカット
トロリ
天然のベリーが入っていてほんのり甘い香りがします
※こちらのベリーベリーは廃版になっています
ご注意ください
一番人気はお肌に効くアンチエイジング商品だそうですよ
スーパーオイル
オーガニックなのに効果も高いそうです
「Multi-Nutrient Youth Oil Age Prevent」
安心安全！北欧の自然の恵みから
栄養と潤いをいただけるなんて最高ですね

Column

お気に入りのショップ❶

kröne(クローネ)

コンセプトは「おうち時間をもっと楽しく」。
北欧の雑貨や食器、ファブリック、ヴィンテージ家具がそろう人気ショップ

オーナーの澤口さん
kröne hus
日常を彩るかわいい北欧雑貨ならクローネさんがおすすめ!

鎌倉駅から徒歩3分。マリメッコやアルメダールスなど定番のものから、リサ・ラーソンさんや鹿児島睦さん、BIRDS'WORDSなど、女性の心をくすぐる商品がにぎやかに並んでいます。同じアイテムの色・柄違いも豊富で、自分好みを探せるのもうれしい。

オーナーの澤口亮さんは、学生時代にデザインやインテリアを学び雑貨メーカーに就職。その後一念発起し2005年にお店をオープン。フィンランド、スウェーデン、デンマークを中心に北欧雑貨の良さを広め続けています。

このお店の魅力のひとつになっているのがスタッフのみなさん。雰囲気がとても良いんです。おしゃれで、素敵な笑顔の彼女たちとお話すると、本当に北欧雑貨が好きというのが伝わってきます。

スウェーデンの人気イラストレーターイングラ・アリアニウスさんデザインのアイテムは、オーナー澤口さんが現地で直接交渉し輸入されたもの! 今や人気商品に。

アゴが出てるのが特徴
コーヒー豆を入れたり♪

オリジナル商品も多数あり、おすすめは「おさかなキャニスター」。シンプルな魚がモチーフで、北欧雑貨のなかに置いても溶け込めるようなデザインにされたそう。

kröne-hus クローネ・フス鎌倉店
神奈川県鎌倉市御成町4-40 松田ビル102　Tel.0467-84-8426
http://www.hokuouzakka-krone.com
実店舗は他に2店舗あります

第2章

北欧雑貨あれこれ

伝統と暮らし編

雑貨のなかでも、北欧の伝統や文化、
生活に根ざしたものたちです。

ダーラナホース

幸せを運ぶ馬と
いわれている縁起物
各家庭に
1つはあると
いわれています

ダーラナ地方発祥の木彫りの馬。現地ではダーラヘストと呼ばれています

ピンと立った耳に
癒し系な目
これ
目なんです
ゆるやかな
お腹のライン♡
凛とした赤色のボディに
民族衣装をまとったような
華やかな模様
このとってもかわいい
「ダーラナホース」は
スウェーデンの
伝統工芸品です！
お土産やさんには
必ず置いてあります

18世紀、仕事終わりの木こりが子どものために作ったおもちゃがそのはじまり
ほわわん
手作りのおもちゃだったなんてあたたかいなぁ♡
幸せを運ぶ馬といわれてるけど本当に運んでくれそう♪
今もハンドメイドで木から削りだし色付けまで人の手で行われています
1
ペタ ペタ
木に馬型のスタンプを押して削る際のあたりをつける
2
おおかた削ったあとは小刀で整えていきます
3
ボディにベースカラーとなる色をつけていきます
4
模様を描いていきます。スピードが早くあっと言う間に完了
コーティングしたり 乾かしたりと完成まで約1ヵ月かかります

スウェーデンのなかでも伝統文化が色濃く残るダーラナ地方
SWEDEN
ダーラナホースはこの土地ならではのものなんですよ
素材
この地域は林業が盛ん
色
ファールンにある世界遺産
近くの銅山から赤色が採れる（色はファールンレッドと呼ばれています）
模様
うり科の空想上の植物
その土地に伝わる花柄模様（クルビッツ）が描かれている
馬
力仕事の役目を担っていた馬は家族のように身近な存在だった

今は赤色だけじゃなくいろんなカラーのダーラナホースがあるんですよ
爽やかでかわいい〜
こちらはヴィンテージ風
黒もかっこいい!
牛柄!
全部ほしくなっちゃう
ピンクで愛らしい♡
ロイヤルコペンハーゲンの馬
もう何個も持っているけど
ちなみにダーラナ地方でも町によって馬が違うんです
テルベリ
Tallberg
首が長くマッタリした馬
レットヴィーク
Rättvik
細身で灰色の馬
日本に多く流通しているのはムーラという町のものです
現地ではいろんなダーラナホースを見つけることができますよ
看板
花壇
ベンチ風?
大きなオブジェ
これは世界一大きなダーラナホース!
アーベスタという町にあります

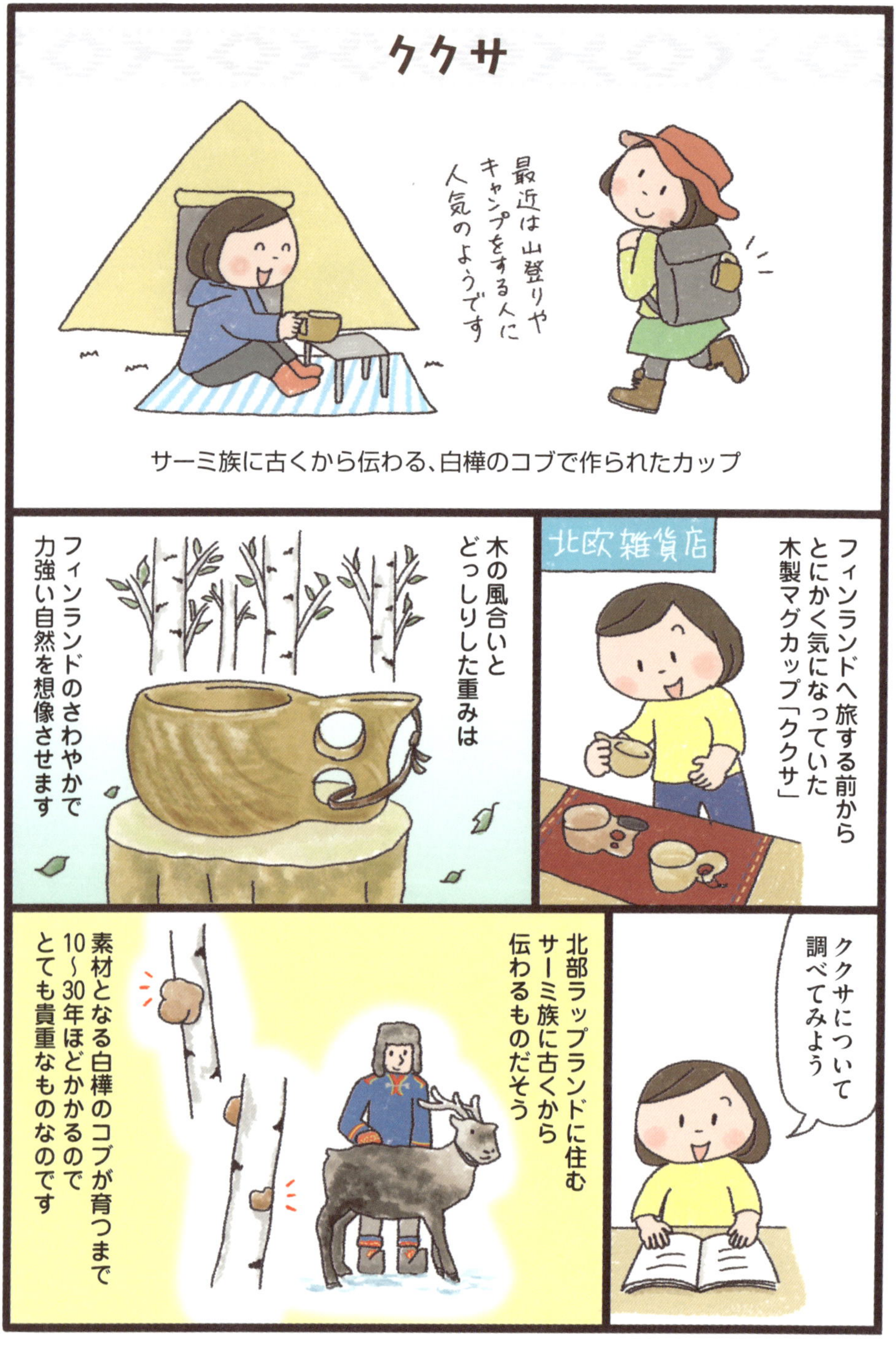
ククサ
最近は山登りや
キャンプをする人に
人気のようです
サーミ族に古くから伝わる、白樺のコブで作られたカップ
北欧雑貨店
フィンランドへ旅する前から
とにかく気になっていた
木製マグカップ「ククサ」
木の風合いと
どっしりした重みは
フィンランドのさわやかで
力強い自然を想像させます
ククサについて
調べてみよう
北部ラップランドに住む
サーミ族に古くから
伝わるものだそう
素材となる白樺のコブが育つまで
10～30年ほどかかるので
とても貴重なものなのです

職人さんが伝統的な製法で ひとつひとつ丁寧に 作っているんだそう
キューン♡
絶対欲しい〜
どうせならフィンランドへ 行った時に買うぞ〜！
お〜!!
そして現地でやっと出会えたのだけど…
ひとつひとつ手作りだから 表情や形、色が少しずつ違う… どどれにしよう
どれもこれも素敵!!
あちこち見たくせに決められず 最後に立ち寄った空港のショップで
工芸品ばかり売ってる店があった
最後のチャンス!!
ついに手に入れた〜！
帰国ぎりぎりに間に合った！
あとから知りましたが 「ククサをプレゼントされた人は 幸せになる」という 言い伝えがあるそうですよ
私は自分で買ってしまったけど

モミの木バスケット
フィンランド産の木を使ったかご♡
熟練の職人がモミの木の樹皮を編み込んで作る手工芸品
森の中でブルーベリーを積んだり
キノコを採ったり
公園でピクニックをしたり
フィンランドの家庭で今も使われているかご
若い人にも人気で、丈夫なものは親から受け継いだりします
使い捨てないエコな暮らし
大事にしたい
使うほどに自然素材の味わいが増し心が豊かになりそう

現地で買うと持って帰るのが大変そうなので日本にて入手
ほのかに木の香りがする
部屋に置くとグッと北欧感が増すなぁ♡
本やブランケットを入れています
職人さんの手によって丁寧に編まれたカゴたち
こういう取っ手も素敵～!
薪入れ! 薪が身近にあるなんてステキ…♡
用途によっていろいろな形があるんですよ
こちらの型はサイズのバリエーションが豊富!
領収書などを入れたりする
新聞や書類など
ちなみに白樺のかごはこんな感じです
モミの木より茶色でふっくらしています
樹皮で編んだ工芸品にはリュックや靴ショルダーバッグなどもあります
かわいい!

トナカイの敷物

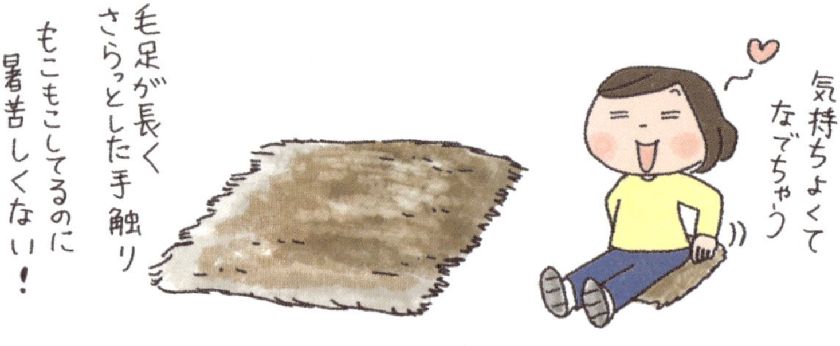

北極圏では定番のアイテム。温かくて通気性もばつぐん！

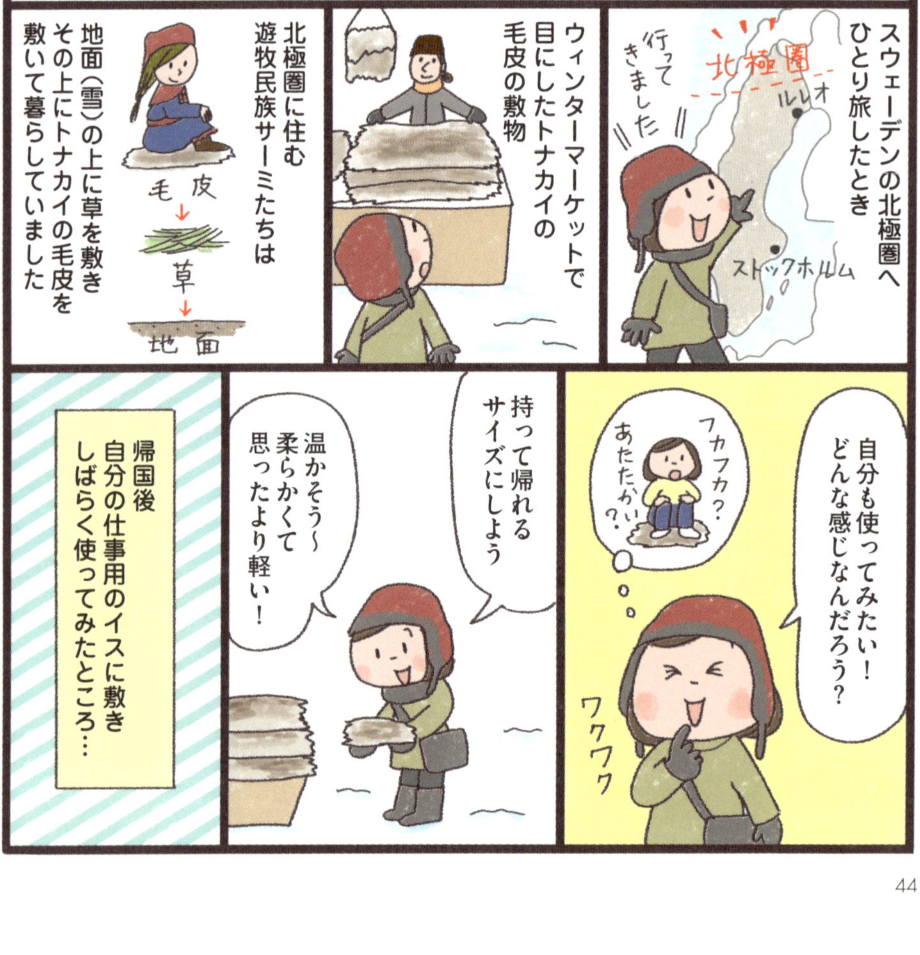

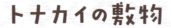

ポカポカする〜トナカイの毛は中が空洞になってて空気を含みやすいんだっけ
自然のものってすごい！
でもそれだけじゃないんです！
通気性がとても良く春以降もムレない！
びっくり〜
真夏での使用はさすがに無理がありますが
夏は涼しい北極圏では年中使えるアイテムなのかもしれません
サーミにとってトナカイは特別な存在
命に感謝し無駄なところがないようすべてを使うというし
私も大事に使わなきゃ
ストックホルムのお土産やさんでもいくつか見かけました
現地より高めですが

シロクマの貯金箱

マフラーや蝶ネクタイを
つけたりして楽しんでいます

銀行のノベルティとして配られたもの。今も復刻版が生産されています

フィンランドの蚤の市にて偶然見つけたもの
むっちりした丸みのあるボディがたまらない～!
シロクマ～
それは貯金箱だよ Nordea(ノルデア)という銀行のノベルティなんだ
ぼくが口座を開いた時に銀行から息子にプレゼントしてくれたんだよ
お金が貯まると銀行に預けた鍵で開けてもらうんだ
へ～

そんなストーリーがあったんですねぜひください～
こんなのもらったらこどもは嬉しいですよね
帰国後はお部屋に飾り毎日眺めています
陶器のような雰囲気もあるけどプラスチック製
お金を入れる穴
少しとぼけたような表情がなんともお茶目だな～
中古なので傷はあるけどその分思い出が詰まっているんだね
見るたびにあの話を思い出してふんわりとやさしい気持ちになる
正式名称、
Polar Bear Money Box
銀行のノベルティ用貯金箱は他にもあって
こちらはスウェーデンの銀行のもの
ゾウの特徴に合わせたシンプルで安定感のあるフォルム！子どもが喜びそうなカラーも素敵
Norsu(ノルス)のエレファントバンク
北欧の銀行のノベルティはレベルが高い！
大きさもいろいろ
Norsu(ノルス=ゾウ)
シロクマもゾウもエムケートレスマー社製銀行のノベルティ用貯金箱の製造で有名なフィンランドの会社です

北欧のポストカード
旅を思い出す~
キューン♡
カード入れ
その国のセンスや流行りもわかり、お土産にもなるかわいいカードたち
北欧のお店ではポストカードがたくさん売られています
季節の節目やイベント、お祝いごとがあるたびにカードを贈り合う文化があるんです
Happy Easter
Merry Christmas
観光名所からその国で人気のアーティストまで種類はさまざま!
荷物にならないポストカードは
旅先の思い出にと買わずにいられません
そのなかからお気に入りをご紹介します!
フィンランドからスタート!

フィンランドはヘルシンキにある紙の専門店 PAPERSHOP（ペーパーショップ）で買ったカード

乙女心をくすぐるお店！

キノコはアンズタケ

日本でも人気が出ているフィンランドのイラストレーター、マッティ・ピックヤムサ。森でベリーやキノコを採るクマのイラスト

幸せ感♡

NEW BABYと書かれた出産祝いのカード。幸せを運ぶ馬ダーラナホースの絵だけに、持っているだけで幸せな気持ちに

日本でこんなカードありえない!?

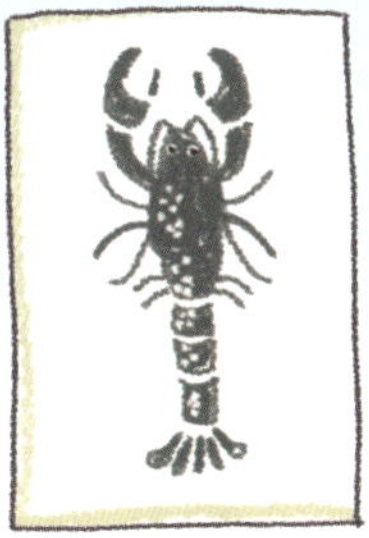

フィンランドでは（スウェーデンも）夏の終わりになるとザリガニとお酒を楽しむパーティが開かれます

アカデミア書店の地下のカードコーナーで購入

こちらはヘルシンキの書店で買ったマリメッコのカード

マリメッコ好きな方はチェック!!

ここはマリメッコの店舗でも売っていないカードがあるので狙い目です

お祝いの時に

〝マーライスルー〟
（田舎のバラ）

〝ウニッコ〟
（ケシの花）のシール

シールなんてめずらしい

〝ルミマルヤ〟
（雪イチゴ）

さわやかな気持ちを届けれそう

アテネウム美術館で買ったカード

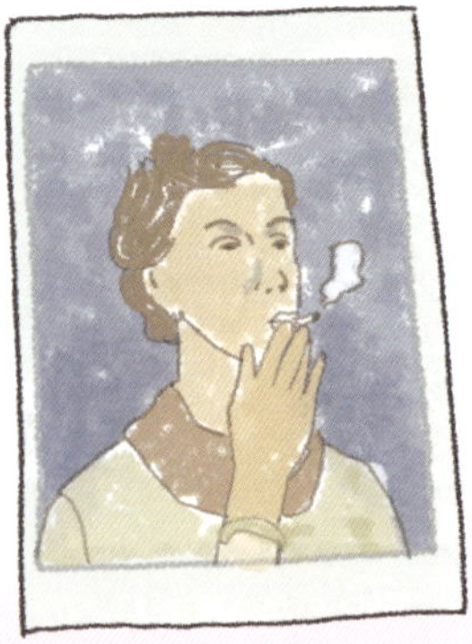
ムーミンの作者

「ムーミン」の生みの親、トーベ・ヤンソンによる自画像

「カレワラ」のワンシーン
求婚するワイナミョイネン
しかし…

アクセリ・ガッレン＝カッレラの作品。フィンランドの民族叙事詩『カレワラ』に関連した絵画を多く描いたことで知られている

フィンランドを代表する国立美術館です

アストリッド・リンドグレーンの世界を体験できるミュージアム「ユニバッケン」で買ったカード

アストリッド・リンドグレーン

スウェーデンが生んだ世界的に有名な女流児童文学作家

カールソン

『やねの上のカールソン』。背中のプロペラで空を飛ぶカールソンおじさんがなんとも魅力的

このお話が好き！

生意気なんだけど可愛いロッタちゃん！絵本『ロッタちゃんと自転車』の表紙のポストカード

スウェーデンのカードもとっても素敵

伝統文化が残る
ダーラナ地方のなかでも
より色濃いエリア

ダーラナ地方の町、ダーラフローダで買ったカード

刺繍が肉厚!!

色鮮やかに刺繍された草花や模様がかわいい！町に伝わる伝統的なパターン

ぬくぬく

やさしい雰囲気〜♡

羊毛の手袋に小花が刺繍されています。実物を買うと高い…のでカードを購入！

ハンドメイドの民族衣装や小物の写真のカードです

ダーラナ地方の町スンドボーンにある「カール・ラーションの家」で買ったカード

カール・ラーション

スウェーデンの画家。自身の家族を題材とした作品を多く残し人気を集めた

部屋もかわいい

こちらは「お母さんと娘たちの部屋」。実際にこの部屋を見学することができました
(→P68)

家や洋服…素敵すぎる

「大きな樺の木の下での朝食」というタイトルの絵。背中だけでもにぎやかな様子が伝わる。こんなところで朝食を食べてみたい！

北欧は全体的に控えめな色が多く
シンプルなのも特徴的でした

フィンランドの切手

旅行に行くと郵便局に足を運びます
切手のファイルを見せてもらっている

カードや手紙を送りあう文化のある北欧。種類豊富な切手がかわいい！

切手はいわば小さな美術館！
国を代表するモチーフでその国を深く知ることができるんです
その国独特のセンスも感じられます！
SUOMI FINLAND
おぉ〜ワイルド

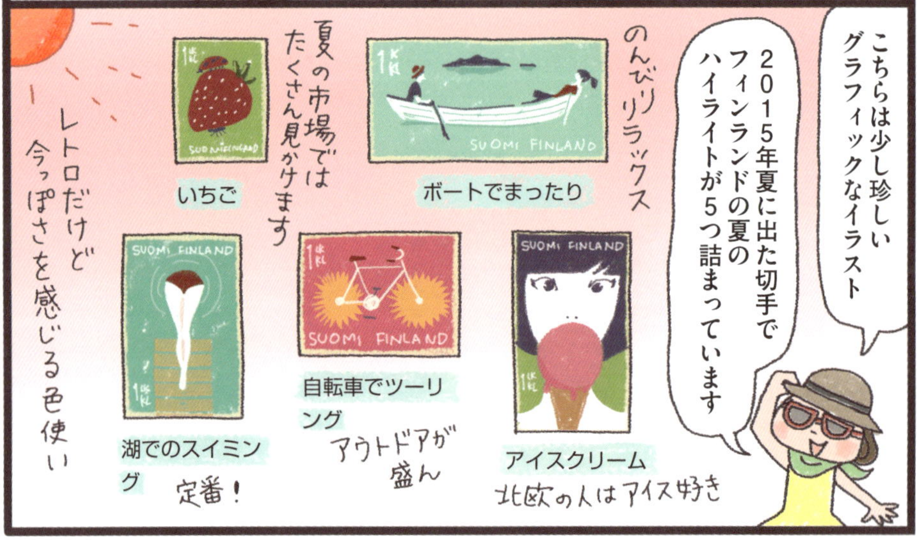
こちらは少し珍しいグラフィックなイラスト
2015年夏に出た切手でフィンランドの夏のハイライトが5つ詰まっています
のんびりリラックス
SUOMI FINLAND
ボートでまったり
夏の市場ではたくさん見かけます
いちご
レトロだけど今っぽさを感じる色使い
SUOMI FINLAND
湖でのスイミング
定番！
SUOMI FINLAND
自転車でツーリング
アウトドアが盛ん
SUOMI FINLAND
アイスクリーム
北欧の人はアイス好き

毎年クリスマス時季に発売される切手があるんです
1973年より発売が開始。毎年イラストコンペで絵柄が決定し、売上の一部は寄付されます。
Sini Ezerさんのイラスト
Sari Airolaさんのイラスト
2016年
SUOMI FINLAND
SUOMI FINLAND
ジンジャークッキーをリスにおすそわけしている少女
雪の中、トナカイを抱きしめる子ども
私のお気に入り切手
水彩でやさしく描かれたトントゥたち
2011年
0,55€
SUOMI FINLAND
SUOMI FINLAND
サンタのひげを羊毛で作るトントゥ
クリスマスの伝統的な装飾品ヒンメリで遊ぶトントゥ（妖精）
家にこないかしら
絵本の中の1ページみたいにあたたかくてかわいい切手たち
この小さな世界を眺めているだけでとても幸せな気持ちになるんです
ぽかぽか

スウェーデンの切手

旅先で自分宛
にも
エアメール
切手も
消印も思い出

眺めるほどその国の良さがジワジワ伝わる。カードに貼ってもかわいい

Sweden
今度はスウェーデン編
スウェーデン出身の児童文学作家アストリッド・リンドグレーンさんの素敵な切手からご紹介します

2002年発行
彼女が生み出したキャラクターたちに囲まれています
ASTRID LINDGREN 1907-2002
屋根の上のカールソン
長くつ下のピッピ
エーミル
はるかなる兄弟
おもしろ荘の子どもたち
ロッタちゃん
Sverige
5kr
ASTRID
リンドグレーンさんが2002年に亡くなった際の追悼切手なんです

こちらはスウェーデンの森で採れるきのこたちの切手です
精密描写されたリアルな絵は眺めてるだけでも楽しい
SVERIGE BREV
SVERIGE BREV
SVERIGE BREV
SVERIGE BREV
いろんな色や形があって神秘的！
そして、クリスマス切手です！
今年はどんな絵柄なのかとスウェーデンの人たちもワクワクしています
2016年はこちら！
水彩で描かれたイラストはハラルド・ウィーベリさんの作品です
Sverige Julpost
お食べ
Sverige brev
スウェーデンではトムテは家を守り、幸せをもたらすという言い伝えがあります
おかゆ頂き!!
クリスマスイブにはトムテの分のおかゆを器に入れて納屋に出しておくのだそうです
ウィーベリさんイラストの絵本『トムテ』『きつねとトムテ』（偕成社）もおすすめ
静かな雰囲気で素敵なんです
トムテ
切手はクリスマスカードに飾りとして貼ったら喜ばれましたよ
スウェーデンの？
かわいい〜
○○ちゃん
God Jul

フィンランドのスーパーにて
生活に身近な物のデザインクオリティが高い！
デザイン大国のスーパーマーケットには、魅力的なパッケージがたくさん！
フィンランドのスーパーに必ずある国民的お菓子ファッツェル社の「マリアンネ」
Marianne
ミントキャンディ
なかみはチョコレート
フィンランドの老舗メーカーによるかわいいお菓子の代表格！
わーい
昔ながらのデザインはレトロでオシャレ〜
何だか懐かしい味
ミントのさわやかさとチョコの甘さが程よくマッチして美味しいんです
どんなデザインかというと…!!
実は最近パッケージがリニューアルされて一段とかわいくなりました〜！

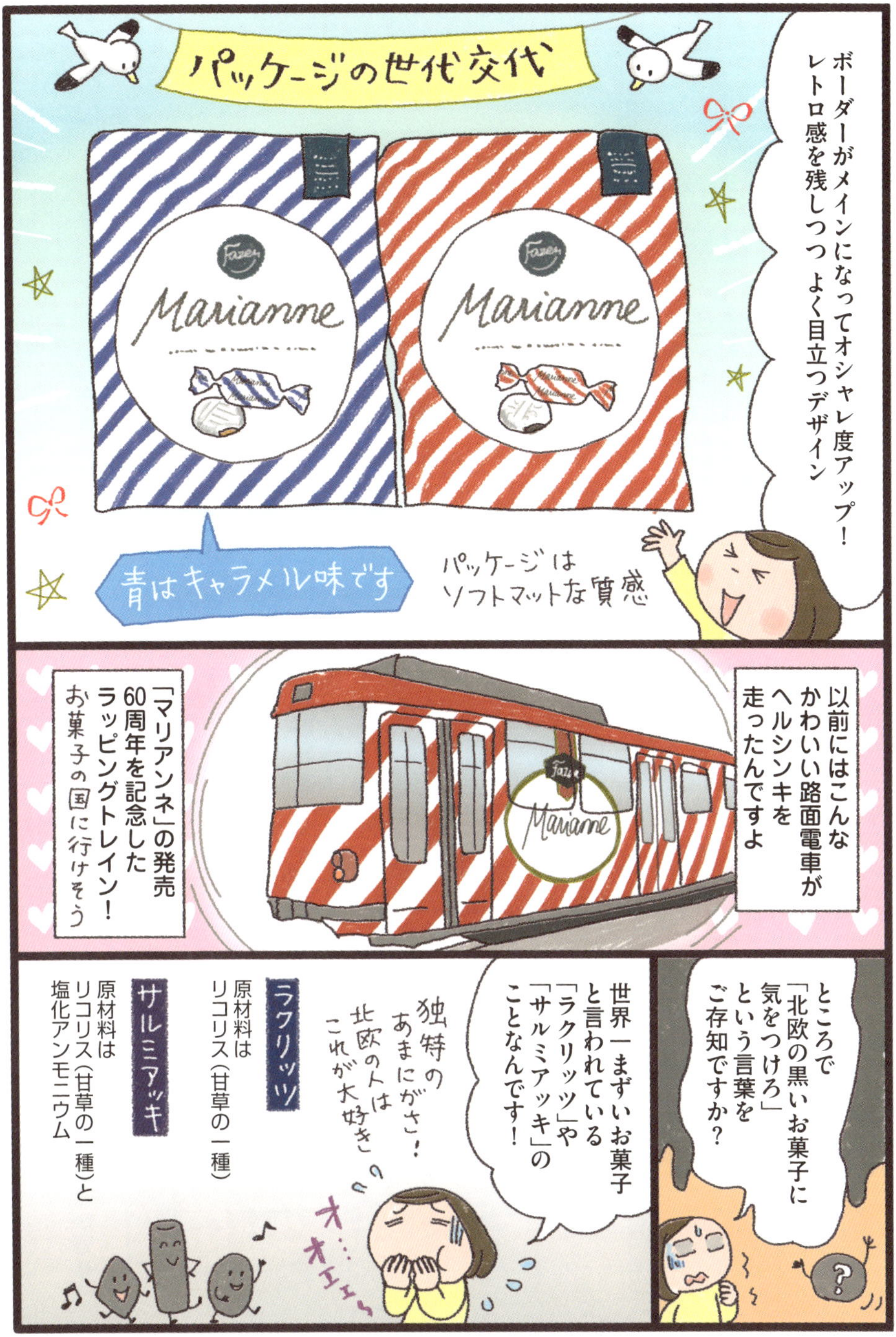
パッケージの世代交代
ボーダーがメインになってオシャレ度アップ！
レトロ感を残しつつよく目立つデザイン
Marianne
Marianne
青はキャラメル味です
パッケージはソフトマットな質感
以前にはこんなかわいい路面電車がヘルシンキを走ったんですよ
Marianne
「マリアンネ」の発売60周年を記念したラッピングトレイン！
お菓子の国に行けそう
ところで「北欧の黒いお菓子に気をつけろ」という言葉をご存知ですか？
世界一まずいお菓子と言われている「ラクリッツ」や「サルミアッキ」のことなんです！
独特のあまにがさ！
北欧の人はこれが大好き
オ…オエ～
ラクリッツ
原材料はリコリス（甘草の一種）
サルミアッキ
原材料はリコリス（甘草の一種）と塩化アンモニウム

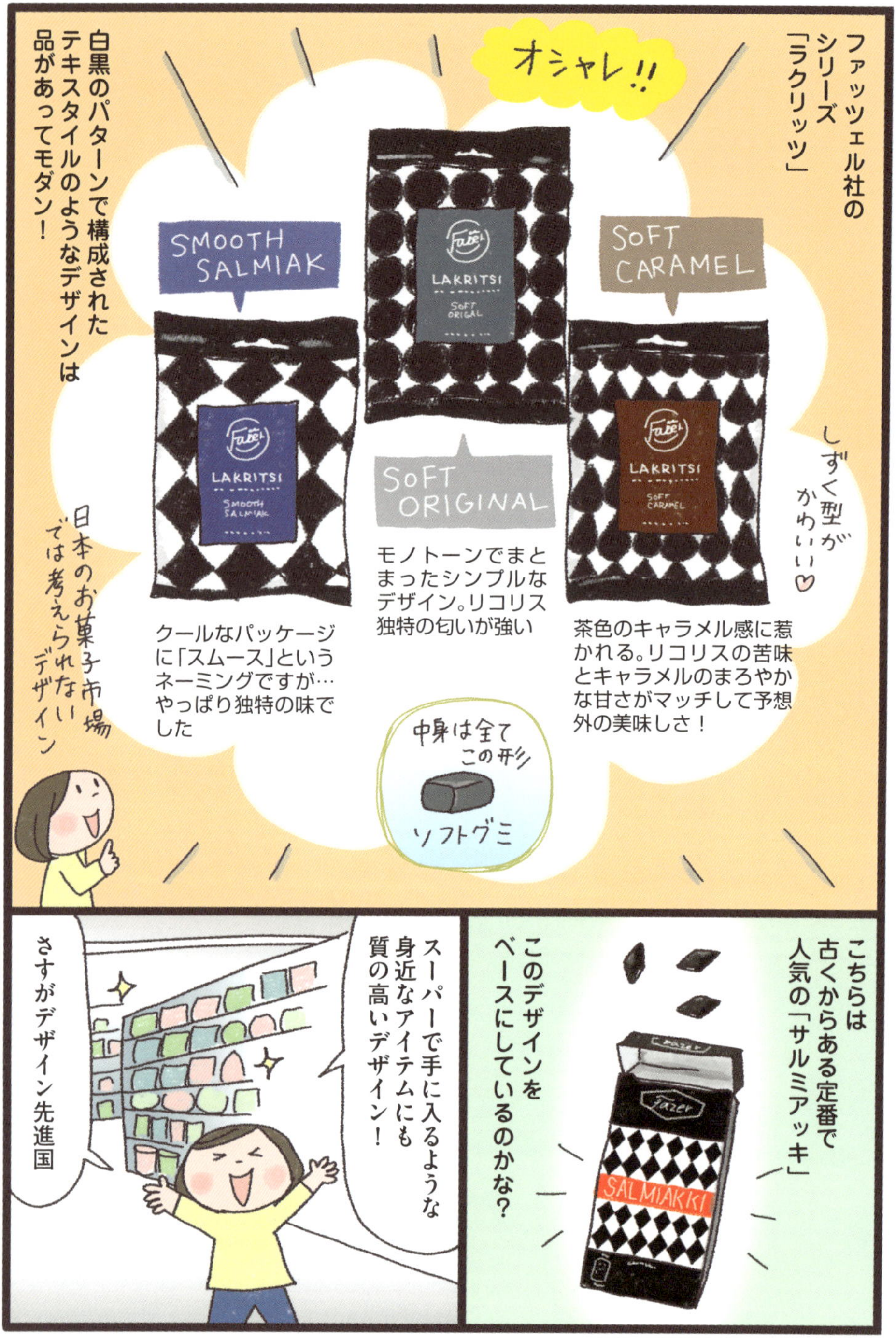
ファッツェル社のシリーズ「ラクリッツ」
オシャレ!!
白黒のパターンで構成されたテキスタイルのようなデザインは品があってモダン！
SOFT CARAMEL
SMOOTH SALMIAK
Fazer
LAKRITSI
SOFT ORIGINAL
しずく型がかわいい
茶色のキャラメル感に惹かれる。リコリスの苦味とキャラメルのまろやかな甘さがマッチして予想外の美味しさ！
モノトーンでまとまったシンプルなデザイン。リコリス独特の匂いが強い
クールなパッケージに「スムース」というネーミングですが…やっぱり独特の味でした
日本のお菓子市場では考えられないデザイン
中身は全てこの形
ソフトグミ
こちらは古くからある定番で人気の「サルミアッキ」
このデザインをベースにしているのかな？
Fazer
SALMIAKKI
スーパーで手に入るような身近なアイテムにも質の高いデザイン！
さすがデザイン先進国

スウェーデンのスーパーにて
見てるだけで幸せ…
一日居れる
スウェーデンのスーパーマーケットで見つけたお気に入りを紹介
「クネッケブロード」のパッケージは民芸風のデザインでポップな色合いが魅力！
LEKSANDS KNÄCKE
29cm円形の
ダーラナ地方のレクサンドで作られているパンなので
ダーラナホースがドーンと描かれてあるんです
ダーラナホース好きにはたまらない
1/8サイズのものもあるんですよ
NORMALGRÄDDAT
バリエーション違い
青のパッケージより長めにオーブンで焼かれてあり少し濃い味
LEKSANDS KNÄCKE
BRUNGRÄDDAT
素朴な紙もいい
LEKSANDS KNÄCKE
NORMALGRÄDDAT
パッケージを開けてみましょう

「クネッケブロード」は薄手で乾燥しているのでパンというよりクラッカーに近い感じ
スウーデンの朝食にはかかせないもの
全粒ライ麦がメインなので低カロリー
そのまま食べても美味しいですが
素朴な味わいなので何と合わせても相性が良いです
食べごたえある〜
パリパリ
しかし真ん中に穴があるのはなぜだろう
ちょんちょん
実はこのパン500年前に発明されたといわれる北欧の伝統的なパンなのよ
500年前!?
500年前から来ました
長期保存のできるパンとしてひもにまとめて天井に吊っていたのよ
届かない
昔の人の知恵ってすごいですね〜
省スペースだし
ホテルでこんなアイテムも見ました
クネッケ置き
あわせて使いたい〜♡
スウェーデンに行くと必ず目にする大手スーパーマーケット「COOP」。
coop
そのオリジナルブランドのパッケージがとてもかわいいんです

リラックスタイムをイメージしたような
やさしくてゆるいイラストが特徴の紅茶
細い線と水彩のような味わいの着彩
リラ〜ックス
私のお気に入りデザインNo1
coop
ROOIBOS
TE MED SMAK AV
ブルーベリー味の
ルイボスティー
coop
SVART TE
MED SMAK AV
SKOGSBÄR
ブルーベリー、いちご、
クランベリー味
coop
GRÖNT TE
MED SMAK AV
VANILJ
グリーンティーの
バニラ味
coop
GRÖNT TE
MED SMAK AV
CITRUS
グリーンティーの
レモン味
coop
SVART TE
MED SMAK AV
ANANAS
APELSIN&
PERSIKA
パイナップル、オレンジ、ピーチ味
ちょっと勇気がいるかも…
すっきりしてて美味しい！
味の種類も北欧ならでは
ベリー系が多いね
ルイボスティーもあちらでは結構飲まれています
こんなパッケージならキッチンに置いても様になりますね〜

Column

お気に入りのショップ 2

ヤマナシ ヘムスロイド(Yamanashi Hemslöjd)

北欧の手工芸の世界に、深く触れることができる場所。
刺繍や織物に囲まれて、カフェでまったりと過ごす時間は最高♪

山梨さんは
作品展示の為
北欧に滞在中
赤い糸車が
目印です！
シェフの
高橋さん
お話
くださった
白川さん

日本に北欧の手仕事を広めたパイオニア、山梨幹子さんが1971年にスタート、2012年に現在の青山に移転しました。1Fはショップで、良質な毛糸や刺繍キットなどを販売。2Fはギャラリー兼カフェで、手工芸の展示を見ながら北欧のフードやドリンクが楽しめます。3〜5Fは北欧の手工芸を学べる教室です。

カフェのインテリアは、ダーラナ地方ゆかりのものをはじめ、古き良き北欧を感じられます。手芸ファンでなくとも訪れる価値あり。

本書の旅の章に登場する「ウォルステッド毛糸工場」の毛糸も、1Fで販売されています。昔から繋がりのある工場とのことで驚きました。

北欧食器なのも嬉しい
イッタラ社
ウルティマツーレ
手作りジャム
ブルーベリーと
赤すぐり
アラビア社
ファエンツァ

クッション等にできます

私はキッシュ、サンドイッチ、トスカケーキ(スウェーデンの伝統菓子)に、4種類あるスウェーデン紅茶から「クリスマスブラックティー」をチョイス。クリスマスらしいシナモンなどのスパイスが香って美味しかったです。

「刺繍文化交流プロジェクト」として、山梨幹子さんとスウェーデンの刺繍作家さんのコラボで作られた刺繍キットはおすすめ。手芸教室ではクロスステッチから大型の織り機まで学べます。

NPO法人北欧伝統手工芸普及会　ヤマナシ ヘムスロイド
東京都港区北青山1-5-15　TEL.03-3470-3119　http://yhi1971.org/

第3章

北欧のかわいい伝統工芸に出会う旅

スウェーデン人の「心のふるさと」、
ダーラナ地方を巡りました。

スウェーデンの「ダーラナ地方」はスウェーデンの人々にとって
「心のふるさと」といわれている場所です
美しいスウェーデンの原風景が今も変わらずに広がっていて
豊かな自然とともに古き良き文化が色濃く残っているんです
この風景にひと目ぼれした私ですが追い打ちをかけるように胸をキュンとさせたのが…
ステキ…
ダーラナ地方で生まれたハンドメイドの民芸品！
あたたかみがあって手仕事の良さがひしひしと伝わってくるんです

これは現地にぜひ行かなきゃ
私が向かったのはコチラ
☆ダーラ・フローダ
「ダーラフローダ・ヴァーズヒュース」
年代ものの古い建物をリノベーションした民芸宿。家具や調度品は博物館級
「フローダ・ヘムスロイド」
民族衣装やニット小物、ダーラナホースなどの伝統工芸品を扱う手工芸店
「ウォールステッド毛糸工場」
スウェーデン産の羊から紡ぎだす毛糸工場
シリヤン湖
ムーラ
レクサンド
ファールン
ダーラ・フローダ
ボーレンゲ
セーテル
拡大
ストックホルム
Dalarna MAP
☆セーテル
ダーラナホースの絵付け師に会いにお宅訪問！絵付けを習いました
☆ファールン
「カール・ラーションの家」
スウェーデンの有名な画家。カール・ラーションが実際に家族と過ごした家を見学
「ダーラナ博物館」
ダーラナ地方の名産品や絵画を集めている。ダーラナホース展示コーナーは必見
それでは行ってみましょう！
ストックホルムからダーラナ地方への旅が始まりま～す！

ストックホルム中央駅
長距離列車インターシティに乗って目的地のファールン駅へ向かいます いざ！ダーラナ地方へ
はりきって6時台の電車です
ゴトン ゴトン
動き出した！
あと2、3時間後にはダーラナの地を踏めるんだ〜！
あ！
ぐうううぅ
お腹減った
こんなこともあろうかと！実は乗車券を予約するときに朝ご飯も一緒に頼んだんだ☆
食堂車で受け取り
じゃーん
朝食ゲット！いただきまーす
国鉄が出す朝食ってどんなの？
コーヒー
バター
ヨーグルト
チーズ
ハム
オーガニック
Saltå Müsli
SALTÅ KVARN
パッケージがかわいい！
ミューズリー
ライ麦パン
オレンジジュース

チーズとハムを ライ麦パンに のせて…
パクッ
パンの酸味が 口の中に広がる〜
食べごたえ あるー
ミューズリー(シリアル)は ヨーグルトに入れて…と
スーパーでも よく見かけます
ドライラズベリーが 入ってて美味しい
あ 緑が 広がってきた!
車窓からの眺めも 旅の楽しみ〜♪
ファールン駅に 到着!
スンドボーン村に 移動します
まずは「カール・ラーションの家」へ
スウェーデンの画家 カール・ラーションさんが 住んでいた家が保存され 記念館になっています
Carl Larsson
1853-1919
カール・ラーション
自分の家族や家を題材に水彩画作品を多く残した有名な画家です
CARLLARSSON-GÅRDEN

カールは親から譲り受けた古い家を妻のカーリンと一緒に改装するのですが
カーリンも芸術家
その家がとっても素敵なんです
あ 学芸員さんによるガイドツアーが始まった
ぞろぞろ
玄関ポーチの肖像画
カールの子どもの肖像画！
家族愛を感じる～
食堂の扉の上にはことわざが
Bien Faire et Laisser dire
かわいらしい壁紙の子ども部屋
リボンと植物が直接壁に描かれてる
フランスのことわざだそうです
「するだけのことをして人の評判など気にしてはいけません」と描かれています

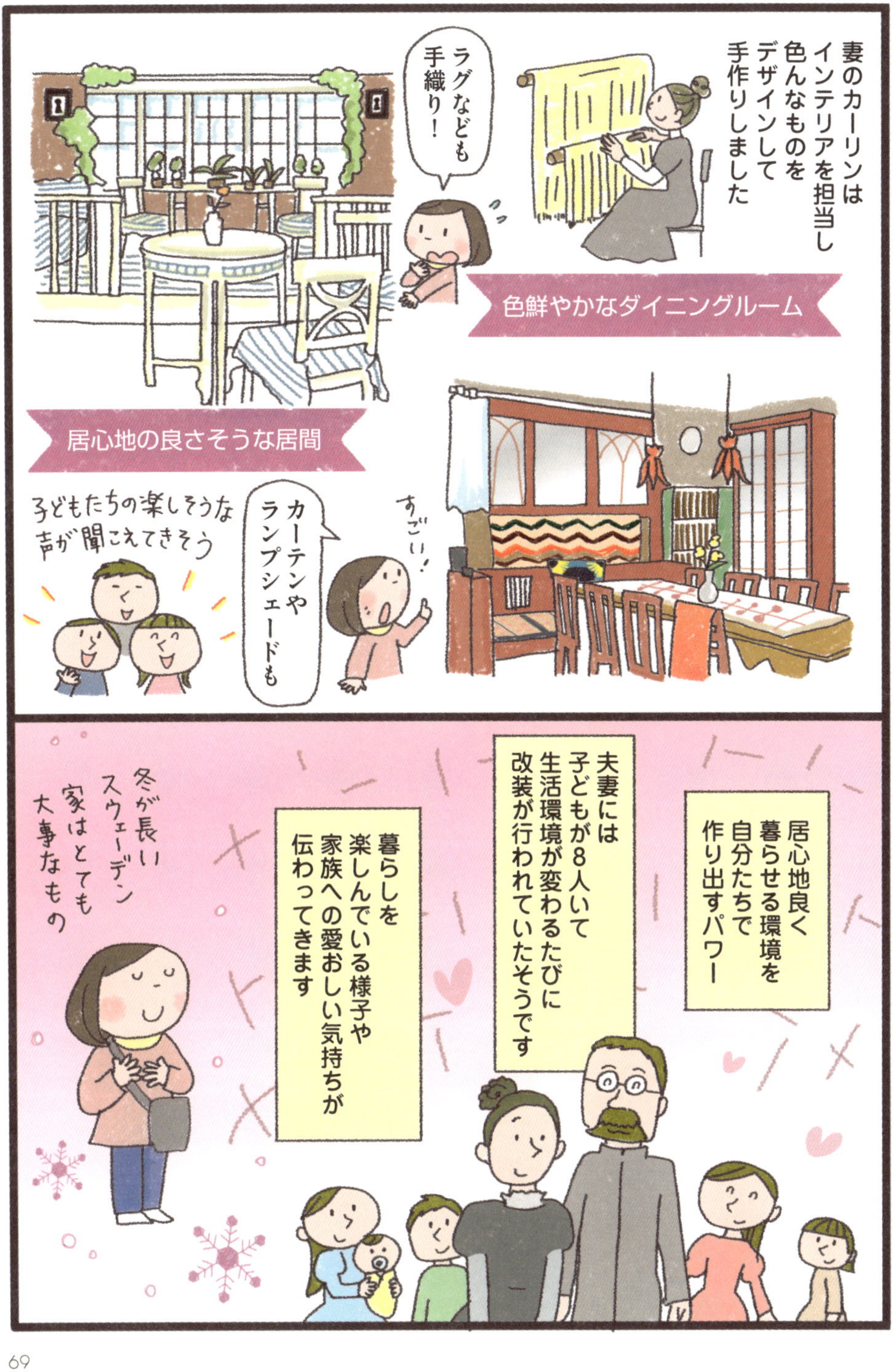

妻のカーリンはインテリアを担当し色んなものをデザインして手作りしました
ラグなども手織り！
色鮮やかなダイニングルーム
居心地の良さそうな居間
すごい！
カーテンやランプシェードも
子どもたちの楽しそうな声が聞こえてきそう
居心地良く暮らせる環境を自分たちで作り出すパワー
夫妻には子どもが8人いて生活環境が変わるたびに改装が行われていたそうです
暮らしを楽しんでいる様子や家族への愛おしい気持ちが伝わってきます
冬が長いスウェーデン家はとても大事なもの

庭へ出ると美しい穏やかな風景が広がっていました
時が止まったかのように静かなひととき……
カールさんたちもこうしていたのかな
敷地内のショップではポストカードなどのグッズがたくさん売られていました
トレイ
マグネット
トートバッグ（カーリンデザイン）
KARIN
日本ではお目にかかれないものばかり
ポストカード大量買い
次はファールン駅から徒歩15分の「ダーラナ博物館」へ！
Dalarnas museum
ここではダーラナ地方にゆかりのある絵画や民族衣装 民芸品を見ることができます
民族衣装
絵画
家具
クルビッツという この地方の伝統的な模様です
お花

とくによかったのはダーラナホースの展示ゾーンです
スウェーデンのシンボル
いろんな種類のダーラナホースが時代を超えて大集結しているんです！
貴重なヴィンテージ品がたくさん！
じー…
１６００年代に作られたダーラナホースも見ることができました！
神仏的なオーラ
４００年も前から愛されてたんだなぁ
ヴィンテージの域を超えてもはや神々しい…
手を合わせたくなる
現代美術作家とダーラナホースのコラボレーション作品も展示されていました
最初普通にお肉かと思った。
肉屋で売られている風の輪切りになったダーラナホース
ぺしゃんこ！
個人的にかなり衝撃的でした!!
ダーラナホースの皮の敷物

ショップではダーラナホースのグッズが目白押し
食器
木のバターナイフ
クルビッツをあしらった雑貨もたくさんありました
カッティングボード
コースター
併設のカフェにも寄ってみよう～
おいしいスイーツあるかな？
ずっと食べてみたかった「ルールロン」!!
RULLRÅN
厚めのクレープ生地をくるくる巻いた伝統的なお菓子
固めの炭酸せんべいみたいな素朴な味わい～
パリパリ
日本の洋菓子ブランド「ヨックモック」シガールの原型みたいです
さて宿泊先の村ダーラフローダへバスで向かいます
民芸を感じられる宿なんて楽しみ！
バス会社のマークも赤い馬!!（ダーラナホース）

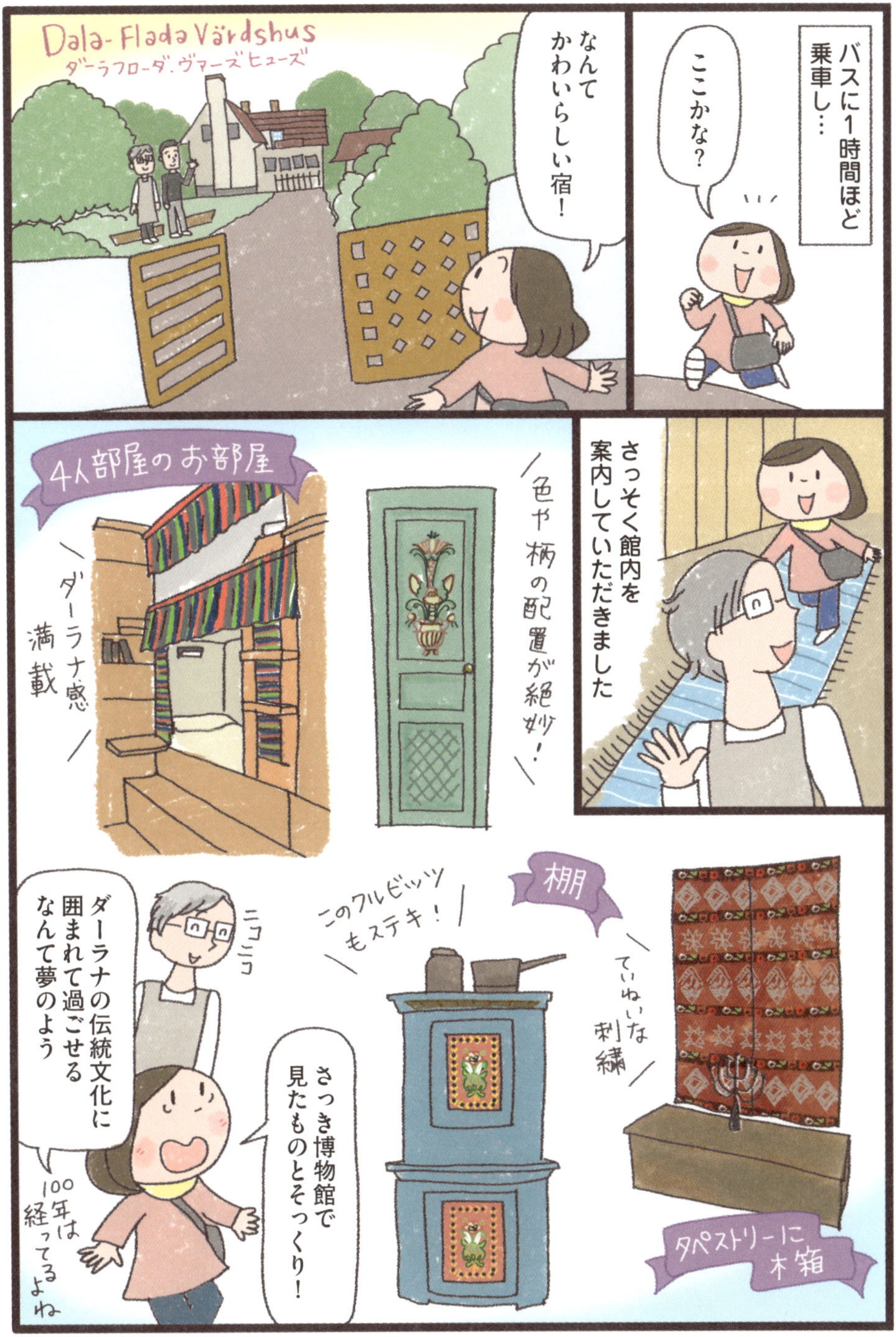
バスに1時間ほど乗車し…
ここかな？
Dala-Flada Värdshus
ダーラフローダ.ヴマーズヒューズ
なんてかわいらしい宿！
さっそく館内を案内していただきました
4人部屋のお部屋
ダーラナ感満載
色や柄の配置が絶妙！
棚
ていねいな刺繍
タペストリーに木箱
このクルビッツもステキ！
さっき博物館で見たものとそっくり！
ニコニコ
ダーラナの伝統文化に囲まれて過ごせるなんて夢のよう
100年は経ってるよね

私の部屋は民芸色が濃くなくてちょっと残念
でもシンプルで心地いいです
すぐ裏手に湖が見える行ってみよ～
わぁ…
どこまでも広がる美しい森と湖に高くて青い空
静寂のなか風の音だけが聞こえる
広大な自然に吸いこまれそう

これだけでも旅に出たかいがあった気がする
気持ちいい〜
夕食はご主人のペールさんが作るオーガニック料理
スウェーデンで一番最初にオーガニック認定を受けたホテルなんだそうです
ベジタリアンカレー
カレーにはチキンが。バスマティライス（インド料理などによく使われる香り高いお米）にはレーズンが入っていました。オーブンで焼かれた野菜は甘くて美味しかったです！
野菜やハーブは自家菜園や地元のもの
こんなニンジンの置き方は初めて！野菜と腕に自信がないとできない
このブルーベリーは近くの森で摘んできたんですって
ブルーベリーアイス
カリカリのワッフルボウルに自家製ブルーベリーアイス。ホイップクリームと一緒にいただきます
幸せな気持ち〜いい夢見れそう
ZZZ…
翌朝
おはようございます

ビュッフェ形式の朝食
チーズやソーセージ、ミューズリーにジャムなど、それぞれにいろんな種類が！「伝統的なもの」と紹介されたライスポリッジは甘くてやさしい味
ライスポリッジ。ミルクで煮たお米の粥。ベリーを入れて頂きました
クリスマスは必ず食べる
ヨーグルトにミューズリー。ジャムを添えて
チーズ
ライ麦パン
トナカイのソーセージ
ほんの少しクセがありますが私はスキです
今日はどこに行くの？
手工芸店に行きます
それなら毛糸工場も行くといいわよ
これ地図よ
MAP
ありがとうございます
少し遠そう…
バスの時刻までに帰ってこれますか？
自転車を貸してあげるよ！
いってらっしゃい！
道順もOK！
ドキドキ
さぁ行くぞ！せーの
って、サドルが高い〜〜〜!!

つま先を伸ばせば なんとかなるか…
スウェーデンの人ってみんな モデルのような体型だなと 思っていたけど 身をもって実感するとは
固すぎて 調整不能
びゅーーん
若干辛いけど 風が気持ちいい〜！ 速い♪ 速い〜♪
フローダ・ヘムスロイド Floda hemslöjd
手工芸店に到着！ 外観からかわいい♡
カーテンの柄も 家に合ってる！
Förslagslåda
郵便受けもハンドペイント！ 馬とクルビッツ模様
目立つ 看板
Dala-Floda
Centrum
FLODA HEMSLÖJDS-FÖRENING
GRUNDAD 1996
玄関の屋根部分にもペイントが！ おさえめの色ですごく素敵〜

店内は素朴で
愛らしい
ハンドクラフトが
所せましと
並んでいました
フローダ村の
伝統文化を
残していくために
作られたお店です
鮮やかな民族衣装
胸元にブローチ
民族衣装の帽子
フチも丁寧
伝統的な装飾品
「ヒンメリ」
ワラで作られたモビール
繊細な織りのヒモ
削りっぱなしの
素朴な
ダーラナホース
鞍がフローダ村バージョン!!
カラフルな
花模様の手袋
かわいくて使えない〜
こちらは
この村の伝統工芸のひとつ
ポーソム(Påsöm)という
美しいウール刺繍
バイオリンケース
手袋
肉厚なもこもこした花の刺繍
鍋敷き
心を込めて
作られた
ハンドクラフト
一点一点
存在感がある〜

うっかり長居しちゃった！
残り時間が…!!
毛糸工場に出発！
建物が無くなって自然が広がってきた
つま先が痛くなったので立ちこぎ
この上にあるのね
ナシエさん？
は…はい！
さっき宿から電話があったわ どうぞ
ウォールステッド毛糸工場
Wålstedts Textilverkstad
1935年から４代続く工場。純粋なスウェーデン製の毛糸は高品質で国内外問わず有名
毛糸はもちろん、カーディガンなど完成品も売られています
かっこいいロゴ
Wålstedts Textilverkstad
仕上がりがなめらか
つや感のあるふわっとしたやさしい毛糸
大きな織り機
大きな棚には数えきれない色数の毛糸が入っていました

いろんな話を聞かせてくれました
大きな作品
毛糸を使う芸術家とコラボしたアート作品は鮮やかで迫力あり！
ごはん中
窓の外には放牧されている羊が。毛足が長いのが特徴
オーナー夫人はとてもユーモラスな方でした♡
前もって予約すれば工場の中も見学できますよ
創業者の方
私は行けませんでしたが
農園やレストランも運営していて同じ敷地内にお店があります
無事に宿へ帰り自転車を返却
ボーレンゲという街へ向けてダーラフローダ村を後にしました
バスに間に合いました
次は旅の最後ダーラナホースの絵付けにチャレンジ！
先生はどんな方かな
人を介して紹介してもらいました
待ち合わせ場所に到着
まだ時間があるし近くでランチを…

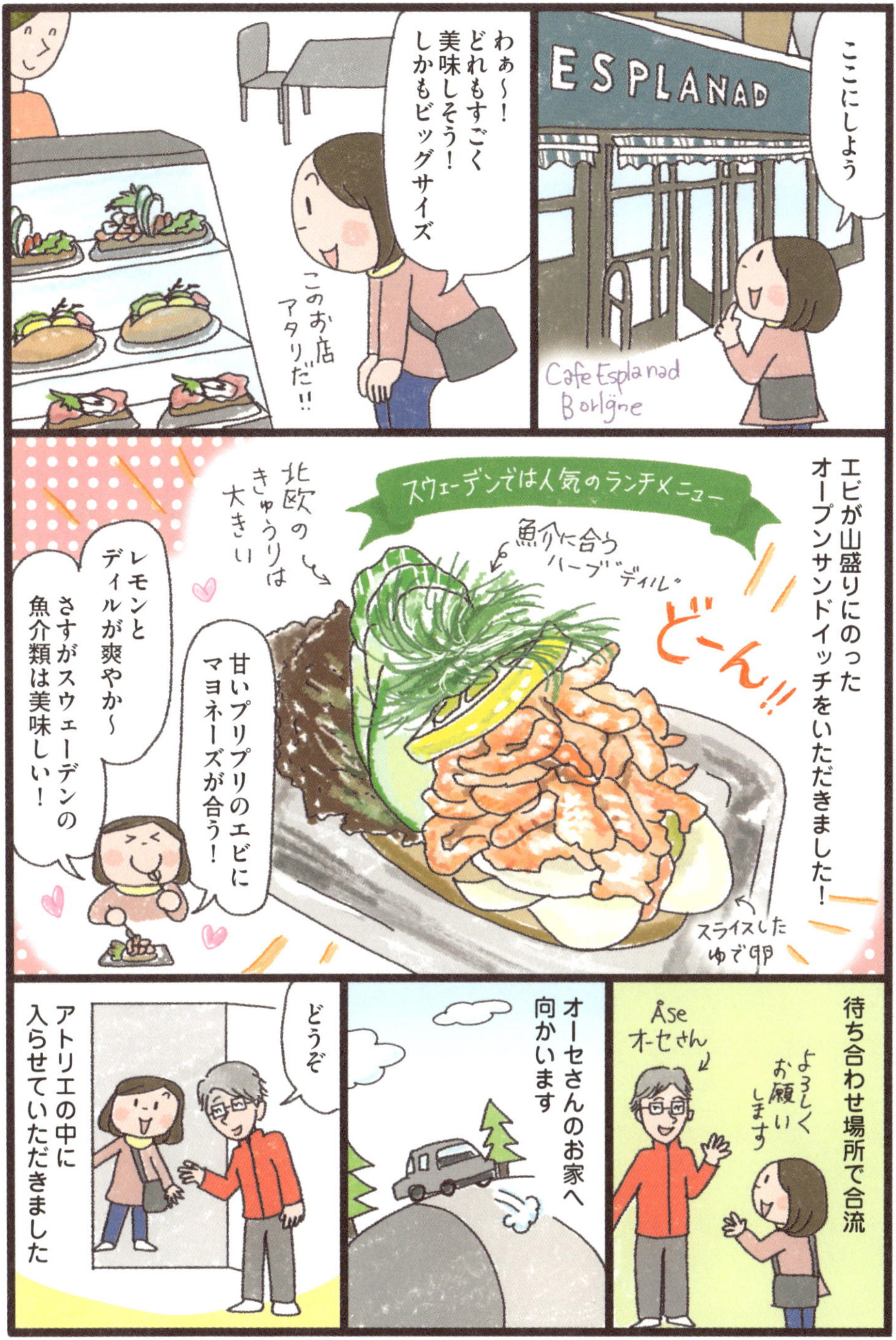
ここにしよう
ESPLANAD
Cafe Esplanad
Borlgne
わぁ〜！どれもすごく美味しそう！しかもビッグサイズ
このお店アタリだ!!
エビが山盛りにのったオープンサンドイッチをいただきました！
どーん!!
スウェーデンでは人気のランチメニュー
魚介に合うハーブ"ディル"
北欧のきゅうりは大きい
スライスしたゆで卵
甘いプリプリのエビにマヨネーズが合う！
レモンとディルが爽やか〜
さすがスウェーデンの魚介類は美味しい！
待ち合わせ場所で合流
Åse
オーセさん
よろしくお願いします
オーセさんのお家へ向かいます
どうぞ
アトリエの中に入らせていただきました

オーセさんの作品たち
壁や家具などにもペイントもされていてダーラナ地方の伝統的な花柄模様「クルビッツ」をまさに継承されている方でした
自己流に色やデザインをアレンジされてる
柱時計。控えめの色が爽やかで素敵
ダーラナの名産品
かわいらしいお花
壁絵のサンプル用に描かれたもの
大忙し
昔のクルビッツ職人さんの写真を見せていただきました
味わい深い〜
年代もののように古い感じで仕上げた扉色の選び方がかっこいい
2012年スウェーデンのヴィクトリア皇女の第一子誕生にちなんだダーラナホースが販売されましたペイントはオーセさんです
やさしい色〜
「The little Star」
エステル王女
ヴィクトリア皇女がダーラナホースの絵付けのため、この家を訪れたこともあるんだって！
さぁワークショップを始めましょう
お願いします！
Velcome

専用の絵の具や筆を使い
お手本を見ながら
クルビッツのレッスン♪
Velcume!
ようこそと書かれてある
限られた時間内でしたが集中できて楽しかった！
いよいよ
ストックホルムへ戻ります
オーセさんが駅まで
見送ってくださいました
なんかジーン…
これ車内で食べなさいね
しっかりと
守られている
古き良き文化
あたたかな雑貨
美味しいごはん
居心地のいい住まい
衣食住の品質にこだわり
自分たちの手で
気持よく暮らすひとたち
心豊かになれる
美しい場所
ダーラナ地方に
また絶対に
訪れたい！

Column

お気に入りのショップ③

Lilla Dalarna（北欧料理 リラ・ダーラナ）

ダーラナホースがお出迎え♪ スウェーデン中心の家庭料理が食べれるお店

スウェーデンで修行を積んだ先代の大久保シェフが1979年にオープン、その後2010年に現在の六本木に移った北欧料理の名店です。

大久保シェフはダーラナ地方の居心地の良さに惹かれ、「小さなダーラナ地方」の意味をもつこの店名にされたそう。ダーラナはスウェーデンの人々にとって心癒される故郷。そんな場所にしたいという思いもあったのかもしれません。

現地から招いた職人さんが手がけた、ダーラナ地方独特の花柄模様「クルビッツ」の壁掛けや、カール・ラーションの額絵も飾られています。

名店♪
店を引き継いでいる遠藤料理長

お皿はロールストランド社のペルゴラ

スウェーデンの伝統料理の代表格、ミートボールは定番で人気の一品。とてもジューシー！

アイスにいちじくが添えてありました♡

甘酸っぱさが絶妙のルバーブパイ。他にもブルーベリーなど北欧らしいフルーツを使ったスイーツも。

ほ…ほしい!! お宝(!?) ダーラナホース
約40cm

ヴィンテージの大きなダーラナホース。模様が薄くなり木が朽ちた箇所もあって、まさに年代ものの価値を感じました。

お店ではクリスマスにビュッフェランチ、夏にはスウェーデンやフィンランドで行われるザリガニパーティーなど、年間を通じたくさんのイベントも。アルコール類は北欧のクラフトビールにカクテル、シュナップス（スウェーデンでポピュラーな蒸留酒）などがそろっています。

Lilla Dalarna　北欧料理 リラ・ダーラナ
東京都港区六本木6-2-7 ダイカンビル2F　tel.03-3478-4690
http://dalarna.jp/

第4章

食卓が華やぐ、北欧デザインの食器たち

見た目も機能性も優れた、
とっておきの食器たちをご紹介します。

「ベルサ」のカップ＆ソーサー
コーヒーを注ぐと さらに食器が 引き立って 見えてきます
北欧好きにはおなじみ、スティグ・リンドベリさんデザインの食器
スウェーデンには「フィーカ」という習慣があります
FIKA
コーヒーブレイクのことで
スウェーデンではなくてはならない時間なんです
このフィーカにぴったりなグスタフスベリ社の「ベルサ（BERSA＝葉っぱ）」シリーズはスウェーデンのみならず世界中で愛されています
「ベルサ」は1960年から1974年まで生産され、こちらは復刻版です
落ち着いた緑の葉っぱのデザインはリラックスタイムによく似合います

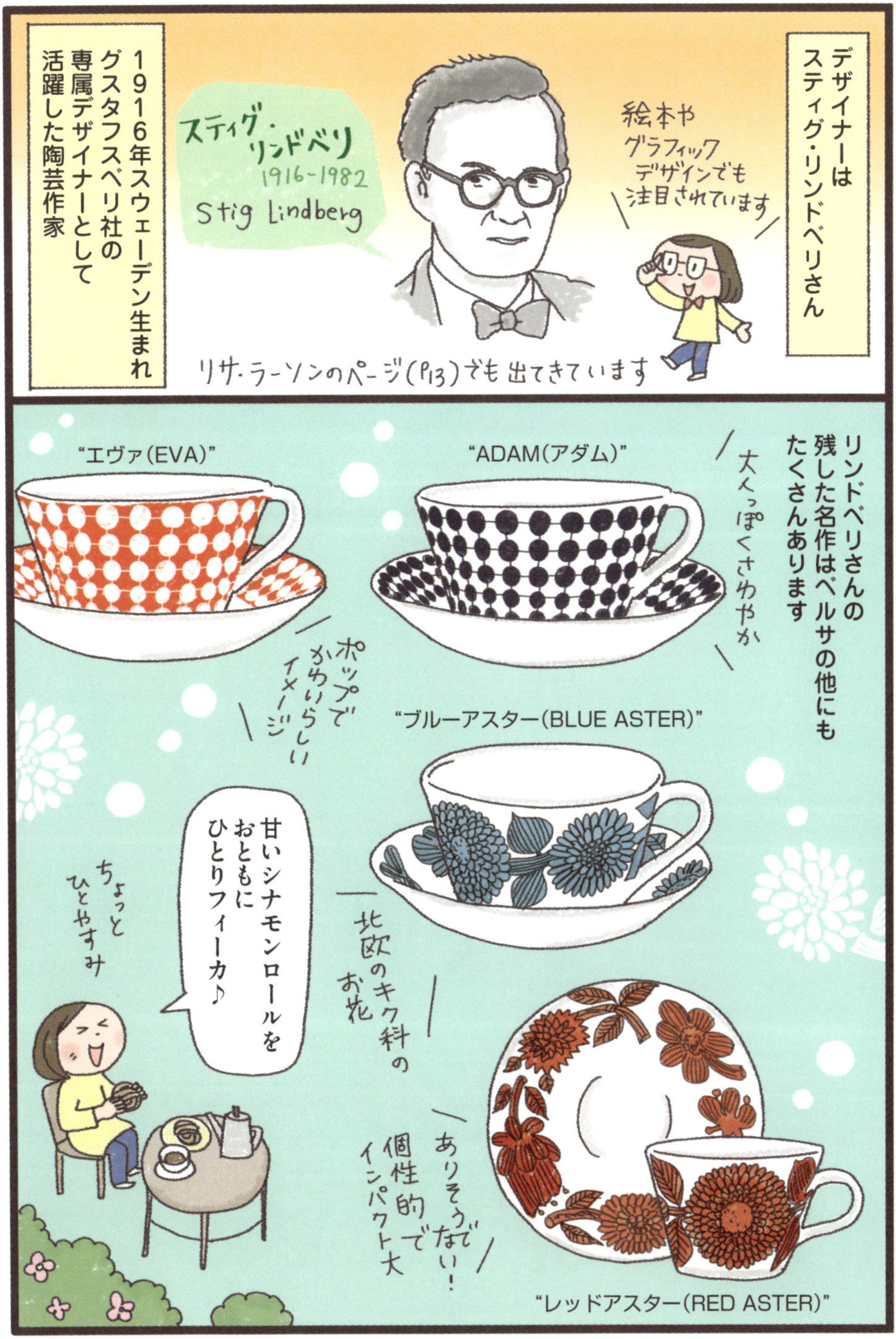

デザイナーは
スティグ・リンドベリさん
絵本や
グラフィック
デザインでも
注目されています
スティグ・リンドベリ
1916-1982
Stig Lindberg
1916年スウェーデン生まれ
グスタフスベリ社の
専属デザイナーとして
活躍した陶芸作家
リサ・ラーソンのページ(P13)でも出てきています
リンドベリさんの
残した名作はベルサの他にも
たくさんあります
大人っぽくさわやか
“ADAM(アダム)”
“エヴァ(EVA)”
ポップでかわいらしいイメージ
“ブルーアスター(BLUE ASTER)”
北欧のキク科のお花
甘いシナモンロールを
おともに
ひとりフィーカ♪
ちょっとひとやすみ
ありそうでない!
個性的でインパクト大
“レッドアスター(RED ASTER)”

「グスタフスベリ」のイヤープレート

ショップにて
パーティーみたいな楽しさのあるお皿！見てるだけでウキウキしちゃう
紙ふぶきみたい
パーン
ユールボックが2匹
1975
「ユールボック」はクリスマスや新年を祝う時に飾られるワラでできたヤギです

下には年号が…
1975
そう、このお皿は「イヤープレート」といい
毎年違った絵柄が発売されてるんです
ユールボックのお皿をデザインしたスヴェン・ジョンソンさん
1976年 クリスマスツリーに吊るしたキャンドルの暖かい灯りが雰囲気を出しています。
彼は他にもクリスマスイヤープレートを制作しています
1971年 キャンドルからサンタクロースが煙のように飛び出している。こんなデザイン思いつかない！
リンドベリさんもデザインしています
1981～1985年まで
1981
1981年
クリスマスイブの夜。プレゼントをこどもの元へ届けるのはサンタクロース？もしくはパパ？
頭にロウソクを立てているのがルシアです
1982年
こちらはルシア祭。クリスマスシーズンが始まるころに行われるスウェーデンのイベントです
スウェーデンの暮らしを垣間見れて楽しい～
クリスマス時季に飾っています

「パラティッシ」のカップ＆ソーサー

使うたびに
買って良かった～！
と見惚れています

エキゾチックなデザインで知られる北欧食器の代表格

アラビア社の名作「パラティッシ」！
パラダイス
フィンランド語で「楽園」を意味します
Paratiisi
イエロー×ブルーは初期モデル
パープルはストックマン（百貨店）の150周年記念
パンジーにカシスなどの果実が見事に調和しています

デザイナーは「フィンランド陶芸界のプリンス」と称されるビルガー・カイピアイネンさん
Birger Kaipiainen
1969年から製造されているロングセラーのパラティッシは彼の代表的作品
マリメッコの創業者アルミ・ラティアさんと仲良しだったとか
私はこのブラックがお気に入り
絵柄の可愛らしさをモノクロで際立たせてる感じシックでクール！
絵柄は器全体に描かれているのにメインの存在をじゃましない優秀なお皿
何にでも合う！
何よりテーブルが華やかでいつもより特別な時間を過ごしている感じがするんです
優雅
カップ&ソーサー以外にもたくさん種類が出ていますよ
控えめだけど
個性的なんだよね

「レンピ」のグラス
窓辺に飾っても素敵～
オールマイティーに使える美しいグラスは私的にベスト・オブ・北欧食器！
北欧デザインの良さが詰まったグラスをご紹介させてください
このガラスの大ファンです
フィンランドのテーブルウエア・メーカーイッタラ社の「レンピ」です
iittala
レンピ
Lempi
クリア
高さは高すぎず低すぎず飲み口も広くゆったり
上品でありつつカジュアルさもあるので「日常から特別な日」まで使えるんです
何でも合う！
パフェグラス
アルコール
ジュース
安定感のある脚で倒れにくいのもいいところ
子どもOK！
おっと

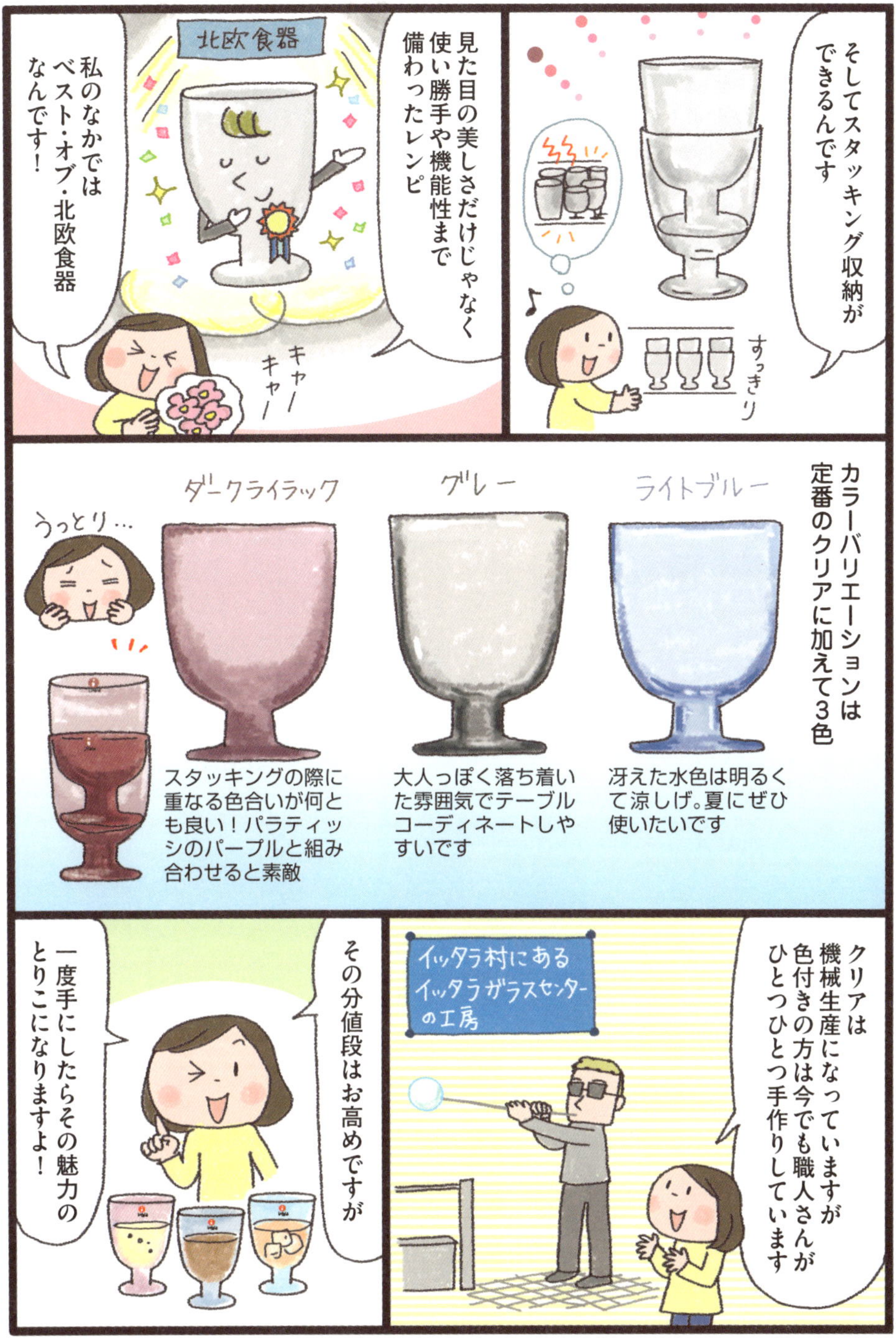
そしてスタッキング収納ができるんです
すっきり
見た目の美しさだけじゃなく使い勝手や機能性まで備わったレンピ
北欧食器
キャー
キャー
私のなかではベスト・オブ・北欧食器なんです！
カラーバリエーションは定番のクリアに加えて3色
ライトブルー
冴えた水色は明るくて涼しげ。夏にぜひ使いたいです
グレー
大人っぽく落ち着いた雰囲気でテーブルコーディネートしやすいです
ダークライラック
スタッキングの際に重なる色合いが何とも良い！パラティッシのパープルと組み合わせると素敵
うっとり…
クリアは機械生産になっていますが色付きの方は今でも職人さんがひとつひとつ手作りしています
イッタラ村にあるイッタラガラスセンターの工房
その分値段はお高めですが
一度手にしたらその魅力のとりこになりますよ！

「カステヘルミ」のボウル
キラ キラ
朝霧のしずくをイメージした器。ガラスの美しさが際立つデザインです
夏に使いたい！と思って買ったのがこちら
ミーン ミーン
イッタラ社の「カステヘルミ」はフィンランド語で朝霧のしずくという意味
自然からインスピレーションを受けたんですね～
ボウルの表面を覆うガラスの雫が透明感とみずみずしい印象を与えてくれます
フルーツ
メロン
キラ
すっごく美味しく見えるんです
スイカ
イチゴ
特にスイカは相性バッチリ
キラ

こぶりなのでヨーグルトや冷製スープにも合うんですが
11cm
5cm
実は 私が一番気に入っているのが
和
そうめんのつゆ用として使うことなんです
ミスマッチ！と思われるかもしれませんが
納涼
26cm プレート
カステヘルミの涼感が良い味出してるんです
カラーやサイズのバリエーションもいろいろあります
輝きが美しいキャンドル
色はグレー
プレートは31.5cmまであります
2段ケーキプレートもかわいい！
人体にも環境にも害のない無鉛ガラスを使用

「クリナラ」のボウル

常にすぐ出せる場所に置いてます
重宝してます
ささっ

何かと便利な名脇役。野菜や果物がいきいきと描かれた食器

「クリナラ」との出会いはたまたまいただいたのがきっかけ
kulinara
かわいらしいお皿!
2コセット

古い歴史を持つ陶器メーカーのロールストランド社
ノーベル賞授賞式の晩餐会で使われている食器もこのブランドです

「クリナラ」はスウェーデン語で「グルメ」という意味
食卓が明るくなりそう
野菜やベリー系の絵がにぎやかだな~
ブルーベリー
コケモモ
高さ3.5cm SSサイズ
あさつき
パセリ
グリーン系に赤の差し色があざやか!

ジャムにはじまり
ディップに薬味
オリーブにらっきょう
ベリーにナッツ…
Soy Source
朝から夜まで大活躍で
なくてはならない存在に！
もう1セット買い足しました
クリナラのプレートと合わせて
内底に描かれている葉もかわいいんです
ボウルのラインナップはほかにもあります
Mサイズ 600ml
Sサイズ 300ml
サイズがUPすると野菜の絵が追加されてる

「レトロ」のプレート
このフチどりが
チャームポイントなんです
ヴィンテージのような懐かしさ。使い勝手がいい万能プレート。
サガフォルム社の「レトロ（Retro）」というシリーズのお皿をご紹介します
初見でビビッ！ときてすぐ購入
¥
これはいい！
リーフ柄で色味もとてもきれい
ヴィンテージのような懐かしさを感じさせるデザイン
レトロという名前だもんね
ふちがあり深さも少しあります
陶器の厚みもしっかりあります

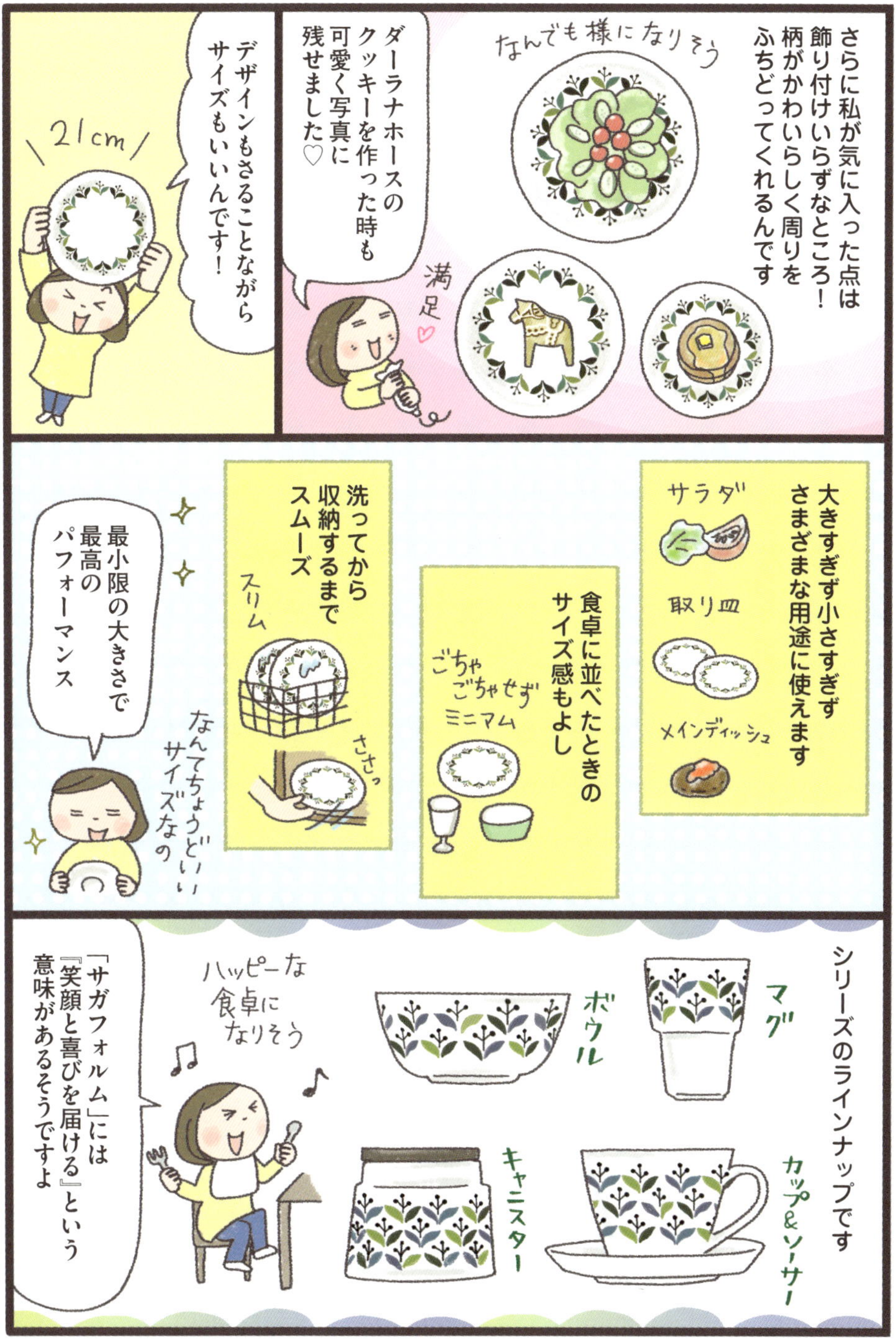

さらに私が気に入った点は飾り付けいらずなところ！柄がかわいらしく周りをふちどってくれるんです
なんでも様になりそう
満足♡
ダーラナホースのクッキーを作った時も可愛く写真に残せました♡
デザインもさることながらサイズもいいんです！
21cm
大きすぎず小さすぎずさまざまな用途に使えます
サラダ
取り皿
メインディッシュ
食卓に並べたときのサイズ感もよし
ごちゃごちゃせず
ミニマム
洗ってから収納するまでスムーズ
スリム
ささっ
なんてちょうどいいサイズなの
最小限の大きさで最高のパフォーマンス
シリーズのラインナップです
マグ
ボウル
カップ&ソーサー
キャニスター
ハッピーな食卓になりそう
「サガフォルム」には『笑顔と喜びを届ける』という意味があるそうですよ

「インゲラ・アリアニウス」のメラミンプレート
デザイン性が高いメラミンプレート
軽いから持ち運び便利!
人気のイラストレーターが描く色鮮やかで種類豊富なプレート
スウェーデンの雑貨屋さんで目にしたイラストのポスター
LION
独特の個性がある〜
このイラストはインゲラ・アリアニウスさんのもの
Ingela P. Arrhenius
50〜60年代のデザインが好き
パッケージから広告、
スウェーデン郵政の切手
まで手がけるスウェーデンで
人気のイラストレーター
ちょうど気になっていた時に彼女のイラストの食器が日本で販売されたんです
やった〜!
直径 20cm
ライオン
タイガー

軽くて割れにくい
メラミン素材なので
ピクニック用に使っています
色鮮やか
なので
空間がいっきに
明るくなるよ
HAPPY BIRTH
子ども用としても
活躍してくれそうですね
このプレート
年々 新作が追加されるので
コレクション欲が
出てきちゃいます
ハリネズミ
うさぎ
ウマ
今は24種類
出てるんだって
フィッシュ
てんとうむし
アシカ
私が彼女のセンスに
脱帽したのが
『S』と『P』の英字が付いた
ソルト&ペッパー
パブロ・ピカソのP
サルバトール・ダリのS
僕がペッパー!?
びっくりですね
絵画の巨匠たちを
こんなにポップに
描けるなんてほんとに
センスのある方なのね

Column

お気に入りのショップ④

kirpputori(キルップトリ)

**古いものから新しいものまで、ヴィンテージ食器や古雑貨・布ものなど、
長く使える北欧の生活雑貨を集めたお店**

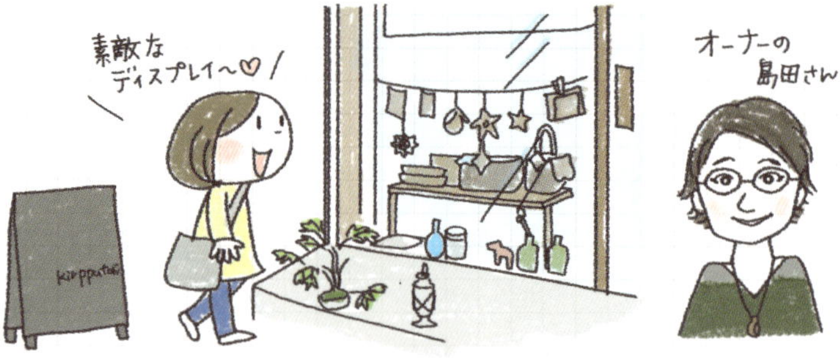

フィンランド語で「蚤の市」を意味する「キルップトリ」さん。

「ちょっとした掘り出しものが見つかりますように…」そんな思いを込めて名づけられたそう。店内にはアンティークの陶磁器、グラス、キッチン用品、古くから伝わる伝統工芸品やハンドクラフトなどが、センス良く並べられています。

「一点ものや、他のお店にないものを」と話すオーナーの島田薫さん。年に3～4回北欧へ買いつけに行き、大きな蚤の市から小さな村まで足を運ぶそうです。お店をオープンさせたきっかけはアラビア社のヴィンテージ陶器が好きだったから。店内にもアラビア社のものがたくさん並んでいますので、ファンの方はぜひ訪れてみてください。

定番商品はフィンランドの白樺で編んだかご。ぷっくりとした厚みが民芸のあたたかさを感じさせてくれます。大きなかごはすぐに売れるそう。靴を模したブローチも素敵でした。

寒くなってくるとお店に並ぶミトンたち。ラトビアのおばあちゃん達が大切に編んでいるそう。見事に編まれた模様の美しさに見入ってしまいます。

kirpputori キルップトリ
東京都品川区西五反田2丁目26-9　tel.03-3491-1300
http://www.kirpputori.jp/

第5章

大人も楽しめる、北欧絵本の世界

ファンタジックな世界に、子どもはもちろん
大人も引き込まれます。

こちらのコーナーでは北欧の絵本をご紹介します
Finland
Sweden
北欧には自然が豊かな土地ならではの絵本がたくさんあるんですよ
明るくて優しくてシュールな北欧の絵本の世界へ参りましょう♪
北欧絵本
北欧の家庭ではどんな絵本が読まれているんでしょうか
『こんにちは、長くつ下のピッピ』
作：アストリッド・リンドグレーン
絵：イングリッド・ニイマン
（徳間書店）
こんにちは、長《なが》くつ下《した》のピッピ
アストリッド・リンドグレーン 作／イングリッド・ニイマン 絵／いしいとしこ 訳
Sweden
ピッピ
「世界一強い女の子〝ピッピ〟」に憧れた方は多いのではないでしょうか？
こちらは、小さな子どものために読みやすい絵本にして出版されたものの日本語版です

作者のアストリッド・リンドグレーンさんはスウェーデンが誇る児童文学作家（→P50、54参照）
1907-2002
Astrid Lindgren
児童文学の最高賞とも言われる国際アンデルセン賞受賞者
このお話はトミーとアンニカの兄妹が住む家の隣りにピッピが引っ越しをしてくるところから始まります
ウマ
サルのニルソン氏
ひとりで住むの!?
ピッピはとにかくやりたい放題！
見に行ったサーカスで綱渡りをしたり
「ゆかにおりないあそび」をしたり
親もいないから叱られない～♪
イラストを担当しているイングリッド・ニイマンさんの絵は躍動感があってぴったり！
ある日ピッピの家に泥棒が侵入します。泥棒をこらしめたあと、
「食べ物でも買ってね」と金貨を1枚あげるんです
リンドグレーンさんのお話にはやさしい思いやりや子どもへのメッセージがたくさん詰まっている気がします
「すごく強い人はすごく優しくなくちゃ…ね」

※ピッピはお金持ちです

でも、ピッピのような
ハチャメチャな子どもを
書いたお話は当時
センセーショナルだったそう
子どもがマネたらどうするの!?
子どもの手本にならない!
世に出て70年
今も変わらず世界中で
『長くつ下のピッピ』は
愛され続けています
1億3千万部のロングセラー
キラ
キラ
スウェーデンでは
街のお土産やさんで
ピッピのグッズを
見つけることができますし
どこにでもある
pippi
リンドグレーンさんの世界が
楽しめるテーマパークも
あるんですよ
大人も楽しめます
ヴィンメルビーにある「アストリッド・リンドグレーン・ワールド」
ストックホルムにある「ユニバッケン」
写真絵本も
翻訳されて
出ています
レトロな雰囲気でかわいい♡
長くつ下のピッピ
1969年に製作された
実写版「長くつ下のピッピ」シリーズの
シーンを使った絵本
「長くつ下のピッピ 」
作: アストリッド・リンドグレーン
絵: ボー・エリック・ギベール
(プチグラパブリッシング)
その他
リンドグレーンさんの
絵本であわせて
読みたいのが
ごそごそ

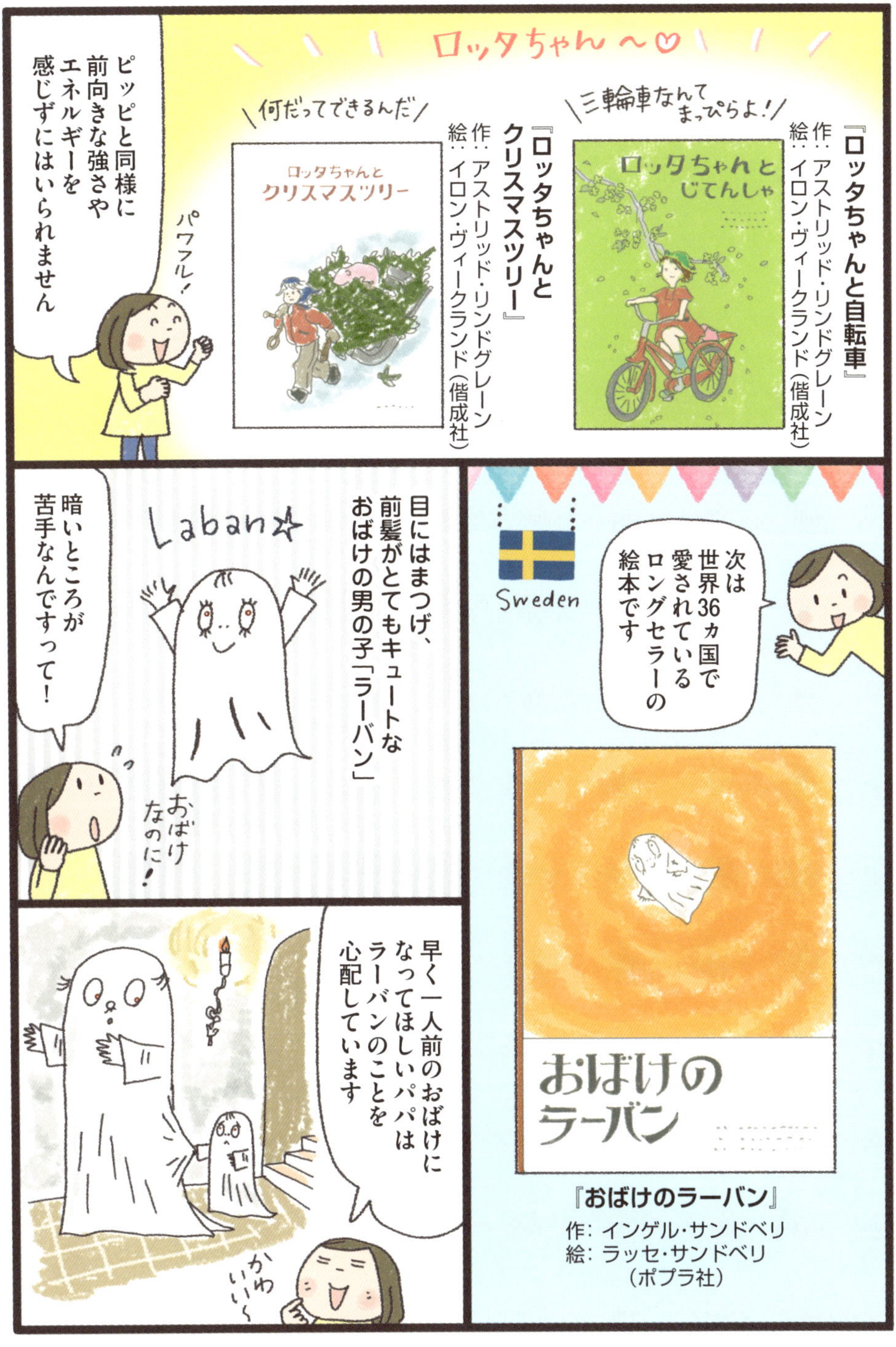

ロッタちゃん〜♡
三輪車なんてまっぴらよ！
『ロッタちゃんと自転車』
作：アストリッド・リンドグレーン
絵：イロン・ヴィークランド（偕成社）
ロッタちゃんと じてんしゃ
何だってできるんだ
『ロッタちゃんとクリスマスツリー』
作：アストリッド・リンドグレーン
絵：イロン・ヴィークランド（偕成社）
ロッタちゃんと クリスマスツリー
パワフル！
ピッピと同様に前向きな強さやエネルギーを感じずにはいられません
Sweden
次は世界36ヵ国で愛されているロングセラーの絵本です
おばけのラーバン
『おばけのラーバン』
作：インゲル・サンドベリ
絵：ラッセ・サンドベリ
（ポプラ社）
目にはまつげ、前髪がとてもキュートなおばけの男の子「ラーバン」
Laban☆
暗いところが苦手なんですって！
おばけなのに！
早く一人前のおばけになってほしいパパはラーバンのことを心配しています
かわいい〜

この『おばけのラーバン』はサンドベリ夫妻の作品
Inger & Lasse Sandberg
妻のインゲルさんが文章を夫のラッセさんが絵を担当しています
色のにじみや線も独特！貼り絵もミックスされています
1953年からこの夫妻が手がけた絵本はなんと100冊以上！
そして100本以上のテレビ番組が制作されました
100冊！
100本
スウェーデンの子ども達にとっても愛されてるコンビなんだね
賞もたくさん受賞されてます
日本でもグッズがたくさん売られています
プレート
Lilla spöket
Laban får en lillasyster
リフレクター
ぬいぐるみ
ほかにもラーバンと同じくらい人気のリラ・アンナちゃん
アンナちゃん なにがみえた？
好奇心旺盛な小さな女の子
『アンナちゃん、なにがみえた？』
作：インゲル・サンドベリ
絵：ラッセ・サンドベリ
（ポプラ社）
ラッセさんの描くキャラクターは可愛くてシュールで魅力的です

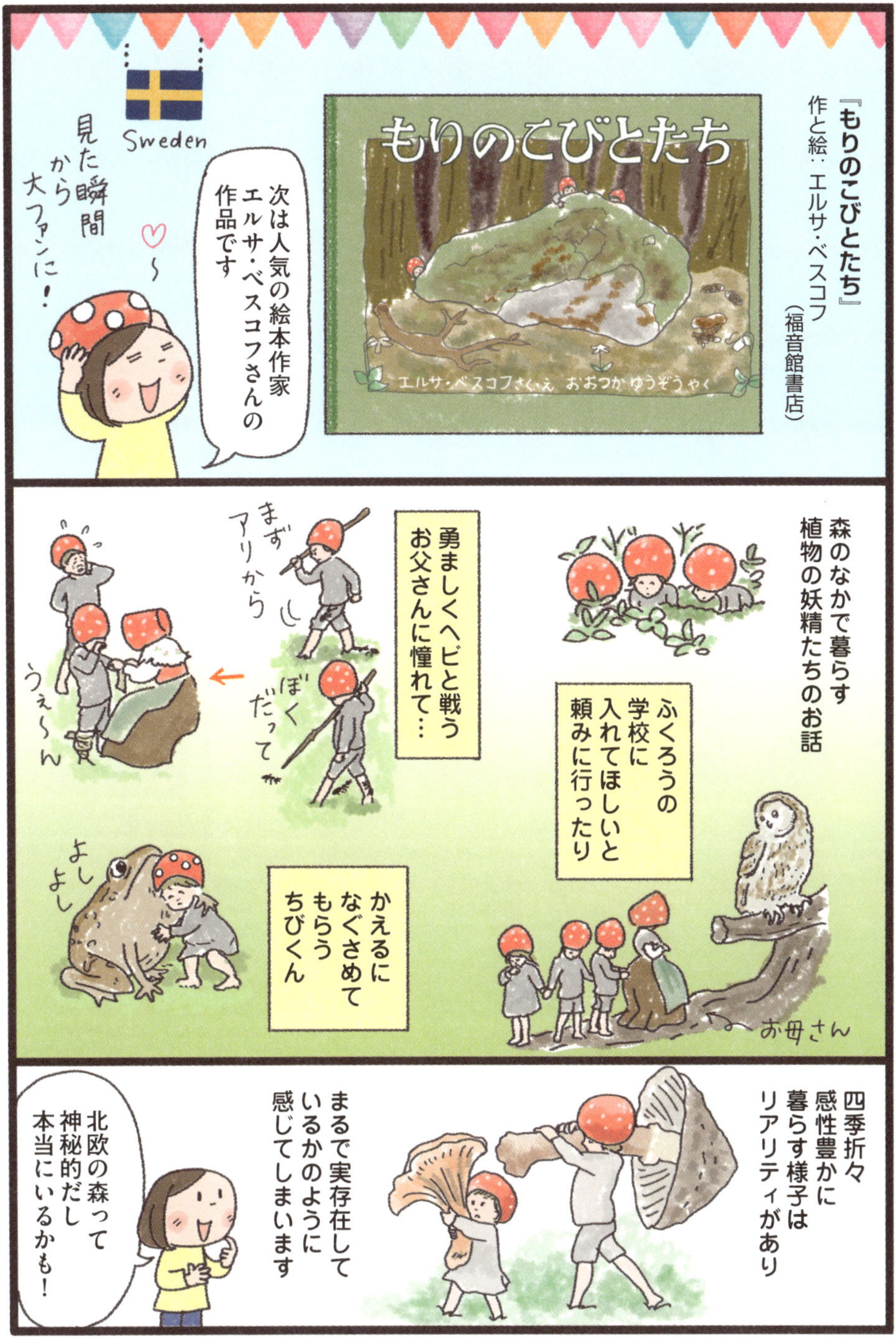

『もりのこびとたち』
作と絵：エルサ・ベスコフ
（福音館書店）
もりのこびとたち
エルサ・ベスコフさく・え　おおつか ゆうぞうやく
次は人気の絵本作家エルサ・ベスコフさんの作品です
Sweden
見た瞬間から大ファンに！
森のなかで暮らす植物の妖精たちのお話
勇ましくヘビと戦うお父さんに憧れて…
まずアリから
ぼくだって
うぇ〜ん
ふくろうの学校に入れてほしいと頼みに行ったり
お母さん
かえるになぐさめてもらうちびくん
よしよし
四季折々感性豊かに暮らす様子はリアリティがあり
まるで実存在しているかのように感じてしまいます
北欧の森って神秘的だし本当にいるかも！

スウェーデンの自然と文化が詰まってるこの本は
何世代にも渡って愛されているそうです
それもそのはず出版されてから100年以上経っているんです!
100年
古さを感じさせないんだな〜
余談ですが私がこの絵本で最初に興味を持ったのが表紙の絵です
もりのこびとたち
表紙なのにメインであるこびとがすっかり隠れているんです
大抵はこういう感じでは?
主役メイン
もりのこびとたち
ひっそり
もりのこびとたち
エルサ・ベスコフさく・え　おおつかゆうぞうやく
しかも少ししか見えてない!!
「見えなくてもすぐそばにいるんだよ」ということを伝えたいんだなと思いました
ファンタジーですね
いるよ!
『リネアの12か月』
作:クリスティーナ・ビョルク
絵:レーナ・アンデション
(世界文化社)
リネアの12か月
次は自然が大好きな都会の女の子のお話です
淡い色がきれい〜
Sweden
レーナ・アンデション
クリスティーナ・ビョルク

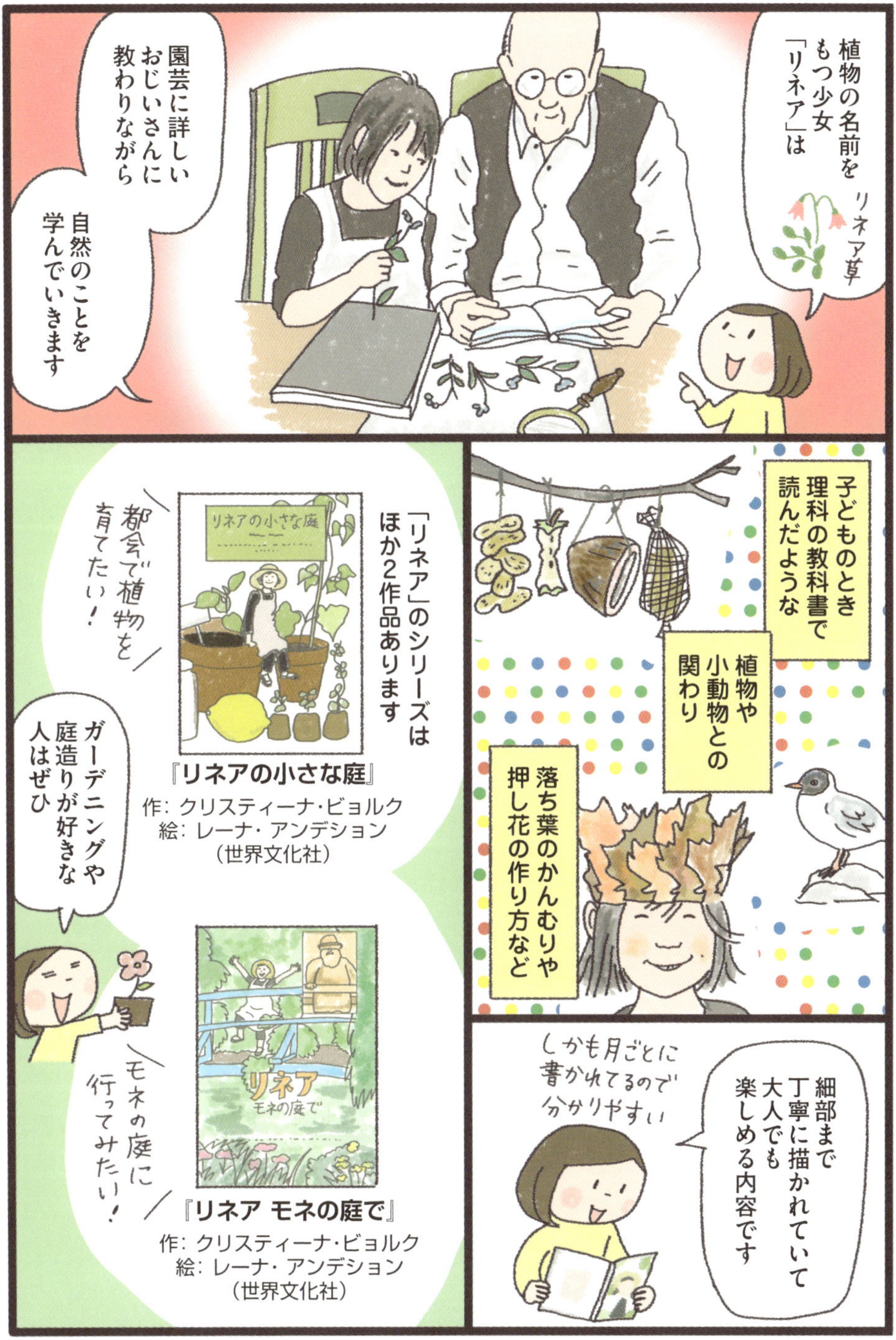
植物の名前を
もつ少女
「リネア」は
リネア草
園芸に詳しい
おじいさんに
教わりながら
自然のことを
学んでいきます
子どものとき
理科の教科書で
読んだような
植物や
小動物との
関わり
落ち葉のかんむりや
押し花の作り方など
細部まで
丁寧に描かれていて
大人でも
楽しめる内容です
しかも月ごとに
書かれてるので
分かりやすい
「リネア」のシリーズは
ほか2作品あります
リネアの小さな庭
都会で植物を育てたい!
『リネアの小さな庭』
作: クリスティーナ・ビョルク
絵: レーナ・アンデション
(世界文化社)
ガーデニングや
庭造りが好きな
人はぜひ
リネア
モネの庭で
モネの庭に行ってみたい!
『リネア モネの庭で』
作: クリスティーナ・ビョルク
絵: レーナ・アンデション
(世界文化社)

Sweden
フローラのにわ
次は色使いとゆるい線が魅力の絵本です
心に溶けこむ
『フローラのにわ』
作と絵:
クリスティーナ・ディーグマン
（福音館書店）
自然の中で動物たちと楽しく暮らしていたフローラ
でも何だか寂しい気持ちに
自分と同じようなお友達がほしくなるというお話
お友達ができて最後はみんなでお茶会をしているのが印象的
ストーリーも絵も優しくて眺めているだけで癒される～
クリスティーナ・ディーグマンさんの絵は独特の世界
憂いのある表情
こんもり緑が繁る屋根
なんとも言えない顔つき
顔が!?
この世界観たまらない
やみつきになってしまいます

『ゆきとトナカイのうた』
作と絵：ボディル・ハグブリンク
（徳間書店）
ゆきとトナカイのうた
ラップランドで生活する先住民族「サーミ」の女の子のお話
Sweden
サーミが住んでいる地域 ラップランド
北極圏
ロシア
フィンランド
スウェーデン
ノルウェー
サーミの美しい民族衣装や厳しい自然を生き抜く姿にとても興味を持っていた私
サーミの本はないかと調べていたところこの絵本を見つけました
単なる絵本ではないんですよ！
ゆきとトナカイのうた
住まい
暮らしの道具
食べ物など
サーミの暮らしが1年を通して事細かに描かれているんです
縄をつかってつかまえる
トナカイのソーセージ
コタと呼ばれる住居
すごい

トナカイとともに遊牧する生活の様子は
自然に縁遠い生活をしている私にとって想像以上のものがありました
サーミに興味のある方はぜひ読んでほしいです
Finland
ユリア ヴォリ 作/森下圭子 訳
ぶた
「ぶた」作と絵：ユリア・ヴォリ（文溪堂）
次はフィンランド！
哲学的なぶたが主人公の絵本です
表紙の雰囲気から“よくあるかわいいぶたの絵本”ではない感じが…
どんなのかな？
ページをめくると自由なコマ割りで
都会に暮らすぶたの生活が描かれてありました
コミック絵本？
シュールでユーモアたっぷり、見ていてとても愛しくなります
気分がすぐれない
自分の姿が見えているか確かめている
ヘラジカをアイスクリームバーに連れて行く
人間みたい～！

「ラクリッツ」（北欧のお菓子）や「カンテレ」（フィンランドの民族楽器）が出てくるのも楽しいです
お話と絵はフィンランドで人気の絵本作家ユリア・ヴォリさん
Julia Vuori
1968年にヘルシンキで生まれる。受賞多数
ぶたシリーズは日本でも話題になりたくさん出版されています
『ぶた　ふたたび』
作と絵：ユリア・ヴォリ（文溪堂）
ぶた
今日も考えることがいっぱい
『ぶた　パリへいく』
作と絵：ユリア・ヴォリ（文溪堂）
ぶた
パリへいく
パリはふしぎ
人気ですね〜
なかでもおすすめなのがこちら！
『ぶたと　きまぐれきのこ』
作と絵：ユリア・ヴォリ（文溪堂）
ぶた
と
きまぐれ
きのこ
ある日、突然びしょぬれのきのこがやって来るんです
ぶたときのこの不思議な共同生活が面白いです！
ちなみに原題は「SIKA」
JULIA VUORI
SIKA
フィンランド語で「ぶた」という意味なんですよ
シカ
鹿?!

『モミの木』
作：ハンス・クリスチャン・アンデルセン
絵：サンナ・アンヌッカ
（アノニマ・スタジオ）
The Fir Tree
モミの木
『雪の女王』
作：ハンス・クリスチャン・アンデルセン
絵：サンナ・アンヌッカ
（アノニマ・スタジオ）
The Snow Queen
雪の女王
Finland
次は この2冊です
「マリメッコ」のテキスタイルデザインで人気のサンナ・アンヌッカさんが絵本を手がけました！
サンナが marimekko から出しているデザイン
"カンテレーンクッツ"
"クックルールー"
うっとりしちゃう このセンス
お話は世界中で愛されているアンデルセンの名作『モミの木』と『雪の女王』です
同じ北欧！
H.C. Andersen
『モミの木』は今に満足できず生き急いでしまうモミの木のお話
人生を重ねちゃう

そして『雪の女王』は
雪の女王に連れ去られた
男の子「カイ」を
女の子「ゲルダ」が
探しにいくお話です
ゲルダン
ゲルダ頑張れ
アンデルセンの
美しいお話に
サンナさんの絵は
不思議なくらいぴったり
ページをめくればすぐ
おとぎの世界に
引き込まれます
絵本の中に広がる
サンナさんの世界に
ハッと息を
飲んでしまいます
見応えある〜
布貼りされた表紙には
金箔押しも施されていて
とてもオシャレ！
2冊とも冬のお話なので
クリスマス時季の
プレゼントにも喜ばれそう
子どもから大人まで
私は両方
本棚に飾っています♡
♪〜

Finland
『かずのえほん』
絵：アイノ・マイヤ・メッツォラ
（パイインターナショナル）
かずのえほん
Counting
はじめての おべんきょう
いよいよラストです
最後も「マリメッコ」のデザイナーさんの作品です
〝コンポッティ〟のテキスタイルデザインで有名なアイノ・マイヤ・メッツォラさん
Aino-Maija Metsola
彼女が絵を手がけた数を覚えるためのしかけ絵本がとっても素敵なんです！
クオリティが高い〜!!
ページには扉がありめくると続きを見ることができます
「3びきの おなかをすかせたねずみ」より
はらぺこねずみが チーズのにおいを くんくん! はなからも あまいにおいが しているよ はなは どこに あるのかな?
キュートすぎる♡

「6つの みにつけるもの」より
パラリ
こちらでは女の子が着替え中でした
洋服の模様がかわいい♪
きがえを している おんなのこ
くつした なんまい はいてるの?
色鮮やかで個性的なイラストで美的センスも磨かれそう！
子どもはもちろん大人の心もわしづかみにすること間違いありません
メロメロ
子育て中のマリメッコ好きなママにうってつけの本です～
こどももママもほしい
この「はじめてのおべんきょう シリーズ」は そのほか『いろのえほん』もありますよ！
これもまたかわいいんです
いろのえほん
Colours
絵：アイノ・マイヤ・メッツォラ
（パイインターナショナル）

お気に入りのショップ⑤

Lilla katten（リッラ・カッテン）

北欧絵本好きには見逃せない♪スウェーデン洋菓子と絵本のお店

都会の喧騒から離れ、逗子の美しい自然に囲まれたリッラ・カッテンさん。白木のドアハンドルを握り青い扉を開けたら、そこはスウェーデン絵本の世界。エルサ・ベスコフさんほか著名絵本作家のポスターやカードが飾られ、奥の棚には新旧の絵本がずらり。取り扱われているのはすべて、スウェーデン語で書かれた原書です。洋菓子担当の筒井友子さんが作るシナモンロールのいい香りも漂い、まるでスウェーデンへ旅行に来たかのようです。

スウェーデン絵本といえば、アストリッド・リンドグレーンさん原作の「ピッピ」！1954年刊行のヴィンテージ絵本も展示されています。作画のイングリッド・ニイマンさんのファンの方も多く来店されるそう。

ショーケースにはスウェーデンのケーキや焼き菓子がいっぱい！なかでもメジャーな「プリンセスケーキ」は、生クリームの優しい味にラズベリージャムの酸味がマッチして美味しいです。

北欧学科出身のオーナーご夫妻は、スウェーデン絵本の原著にこだわり、その魅力を伝えるためにお店を開いたそう。ビョルネンさんは「時代によって物語や絵が異なるのはもちろん、刊行時期により本の形態や紙質、印刷なども異なります。絵本もお菓子も奥が深いのでぜひ知ってほしい」とおっしゃっていました。他にもスウェーデン語講座、絵本やお菓子作りのワークショップなどイベントも盛りだくさんです。

Lilla Katten リッラ・カッテン
神奈川県逗子市池子2-11-4 神武寺ハイム103　tel.046-874-9701
http://lillakatten.com/

第6章

スタイリッシュな北欧映画の世界

物語と共に、北欧の生活や
ファッションも垣間見れるのがうれしい。

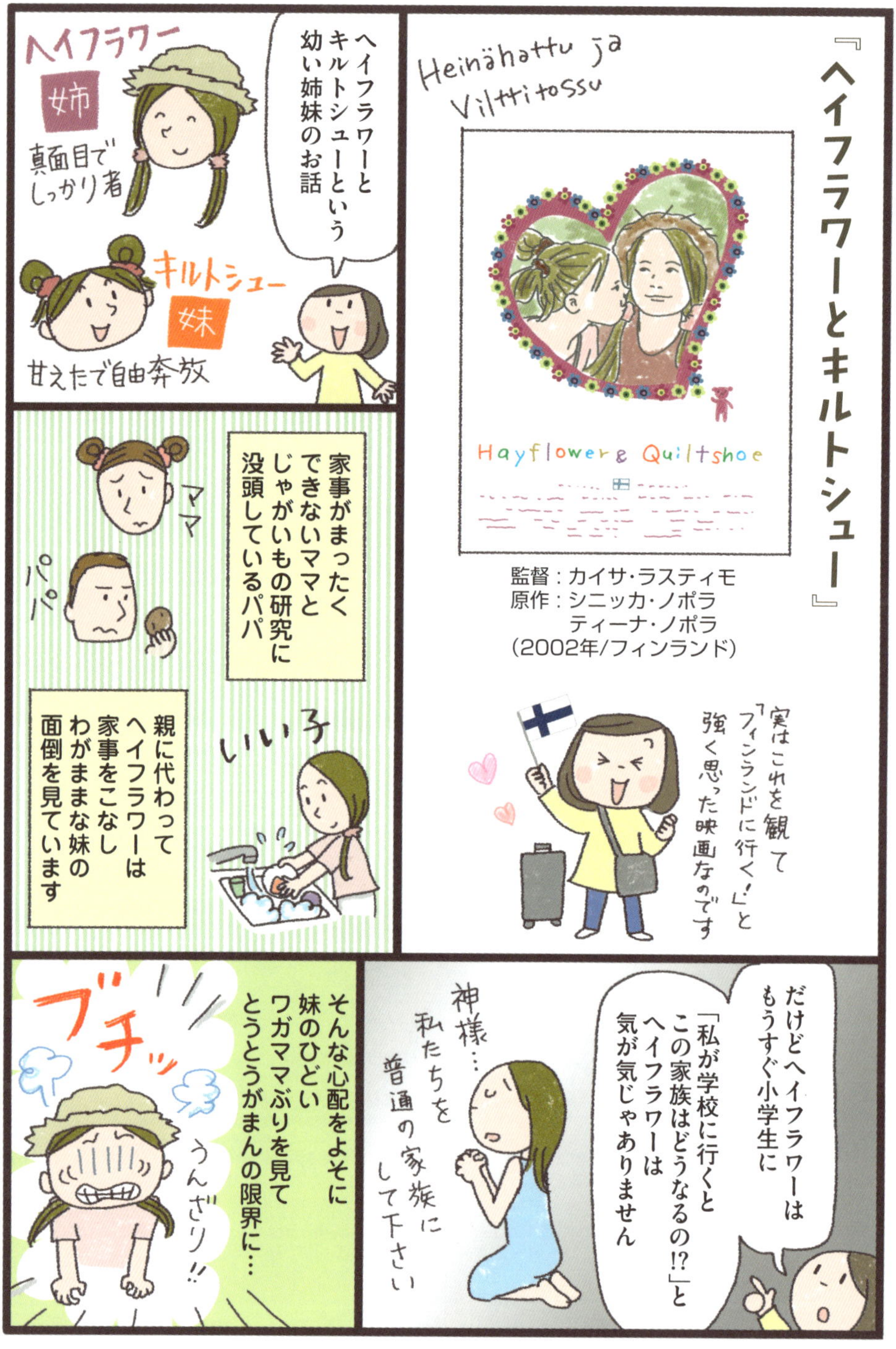
『ヘイフラワーとキルトシュー』
Heinähattu ja Vilttitossu
Hayflower & Quiltshoe
監督：カイサ・ラスティモ
原作：シニッカ・ノポラ
ティーナ・ノポラ
（2002年/フィンランド）
実はこれを観て「フィンランドに行く！」と強く思った映画なのです
ヘイフラワーとキルトシューという幼い姉妹のお話
ヘイフラワー
姉
真面目でしっかり者
キルトシュー
妹
甘えたで自由奔放
家事がまったくできないママとじゃがいもの研究に没頭しているパパ
ママ
パパ
親に代わってヘイフラワーは家事をこなしわがままな妹の面倒を見ています
いい子
だけどヘイフラワーはもうすぐ小学生に
「私が学校に行くとこの家族はどうなるの!?」とヘイフラワーは気が気じゃありません
神様… 私たちを普通の家族にして下さい
そんな心配をよそに妹のひどいワガママぶりを見てとうとうがまんの限界に…
ブチッ
うんざり!!

この映画は
とにかく
インテリアが素敵!!
子ども部屋
家具や壁紙・リネンなど色が合わせられている
散らかっているのも様になっているから不思議
家具に壁紙、雑貨
部屋ごとに色が統一され
配置や飾り方など
アイデアいっぱい
バスルーム
洗濯ものまでかわいく見えちゃう
そして庭には緑が広がり
いろんな種類の草花が
咲いているんです
シンプルでかわいらしい草花がたくさん
女の子なら絶対
「住んでみたい!」と
思うはず!
きゅーん!
憧がれるわぁ
映像としてもカラフルで
どのシーンを切り取っても
オシャレなんです
見てるだけで夢心地
うっとり
マリメッコのテーブルクロス
自分の子どもの頃の気持ちと
重ねあわせつつ
フィンランドのファミリーが
暮らす住まいを
堪能できる映画です

『365日のシンプルライフ』
365日のシンプルライフ
TAVARATAIVAS
監督/主演：
ペトリ・ルーッカイネン
(2013年/フィンランド)
こちらは男性にも人気のドキュメンタリー映画です
ビジュアルがおしゃれ
ヘルシンキに住む26歳のペトリは
失恋をきっかけに自分の持ちモノをすべてリセットする「実験」を始めます
倉庫を借りにきてる
実験のルール
①自分の持ちモノ全てを倉庫に預ける
②1日に1個だけ倉庫から持って帰る
③1年間、続ける
④1年間、何も買わない
部屋は空っぽ
極寒の夜道
ゼロからスタート！倉庫からの帰路はもちろん裸！
ダダダ……
拾った新聞紙
寒そう！
1日1日、何が必要か考えるペトリ
冷蔵庫はまだいらないと知恵を働かせたり
二重構造の窓の間を冷蔵庫にしている

マットレスで寝られる幸せを深く噛みしめたり
毎朝感じる幸福感
ハッ
あたり前すぎて感じなくなっていたかも
私が印象に残ったのはペトリがいつも相談しに行くおばあちゃんのセリフ
こちら
持っているモノの多さで幸せは計れない
何が自分に必要かは自分で決めないとね
戦争を体験したおばあちゃんの言葉には説得力がありました
モノのない時代を生きた人
しかしドキュメンタリーだから1年間本当に大変だっただろうなぁ
まだロングコート1枚しかなかった時
公開後、実験した人が日本でもいたとか？
幸福度ランキングいつもトップ10に入る北欧
幸せとは何か？大切なものは何か？と考えさせてくれる映画でした

『シンプル・シモン』
シンプル・シモン
監督・脚本：
アンドレアス・エーマン
（2010年/スウェーデン）
2011年のアカデミー賞、外国語映画賞のスウェーデン代表に選出されました
代表！
アスペルガー症候群のシモン
規則正しい生活を送り変化が大嫌い
シモンのせいで恋人に振られた兄サムのために
兄のサム
ぴったりな人を探し始めます
偶然知り合った天真爛漫なイェニファーを兄に近づけようとするけど……
シモンによる料理のケータリングに生演奏の手配
この映画に漂う素敵な雰囲気や空気感は何でしょう?
それを作り出してる魅力的な要素がいっぱいあるんです

まずは北欧インテリアやデザインが好きな方にはたまらない魅力がいっぱい！
センス良く飾られた雑貨
部屋全体のカラフルな色合い
個性的な壁紙の模様
自分には到底真似できないおしゃれな部屋に目が釘付けです
登場するごはんも可愛いんです！
丸い形を好むシモンのために兄が調理してるんですよ
プレートもコーディネートされてます
音楽は軽快なスウェディッシュ・ポップ（※）で、全体が明るくまとめられていて
最後まで飽きることなく楽しむことができました
※スウェーデン発のポップ・ミュージック
兄想いの弟 弟想いの兄
お互いに思いやる気持ちが本当に切なくてあたたかい
キュートでハートフルな『シンプル・シモン』
いつまでも観ていたい作品です

『ファブリックの女王』
marimekko
MINNA HAAPKYLÄ
JORN DONNER
elokuvassa
Armi elää!
ファブリックの女王
監督：ヨールン・ドンネル
(2015年/フィンランド)
ArmiRatia
マリメッコの創業者アルミ・ラティアさんの人生を描いた作品
映画の中に演劇の舞台があるという類を見ない設定です
marimekko
フィンランド生まれのファッションブランド「マリメッコ」を知れる映画です
キリッ
アルミを演じることになった舞台女優さんが
きっとこう思ったはず
稽古をしながらアルミの波瀾万丈な人生や心情を理解していきます
アルミは理想が高く挫折を繰り返します
追い求めた理想
このファブリックの素晴らしさを伝えたいの！
有名になればなるほど孤独になるアルミ
誰も理解してくれない

やはり一番の眼福はマリメッコの世界を堪能できるシーン
ファッションショーのシーン
画面いっぱいに広がる色彩が豊か！
シルクスクリーン作業のシーン
華やかで心踊る〜♡
マリメッコのかわいいブランドイメージと
孤独や不安がひたすら続くこの映画のギャップに
面食らう方もおられるかもしれませんが
名ブランドとして躍進を遂げたのは
人生のすべてをかけて
アルミの命がけの情熱があってのことだとひしひし伝わりました
功績を認められたアルミは女性起業家初の勲章を国から授与されました
戦後の女性進出のさきがけだったのね
ちなみに、映画公開時の劇場にはマリメッコを身につけた女性が集まってましたよ
おお〜♡
自分も
パンフ

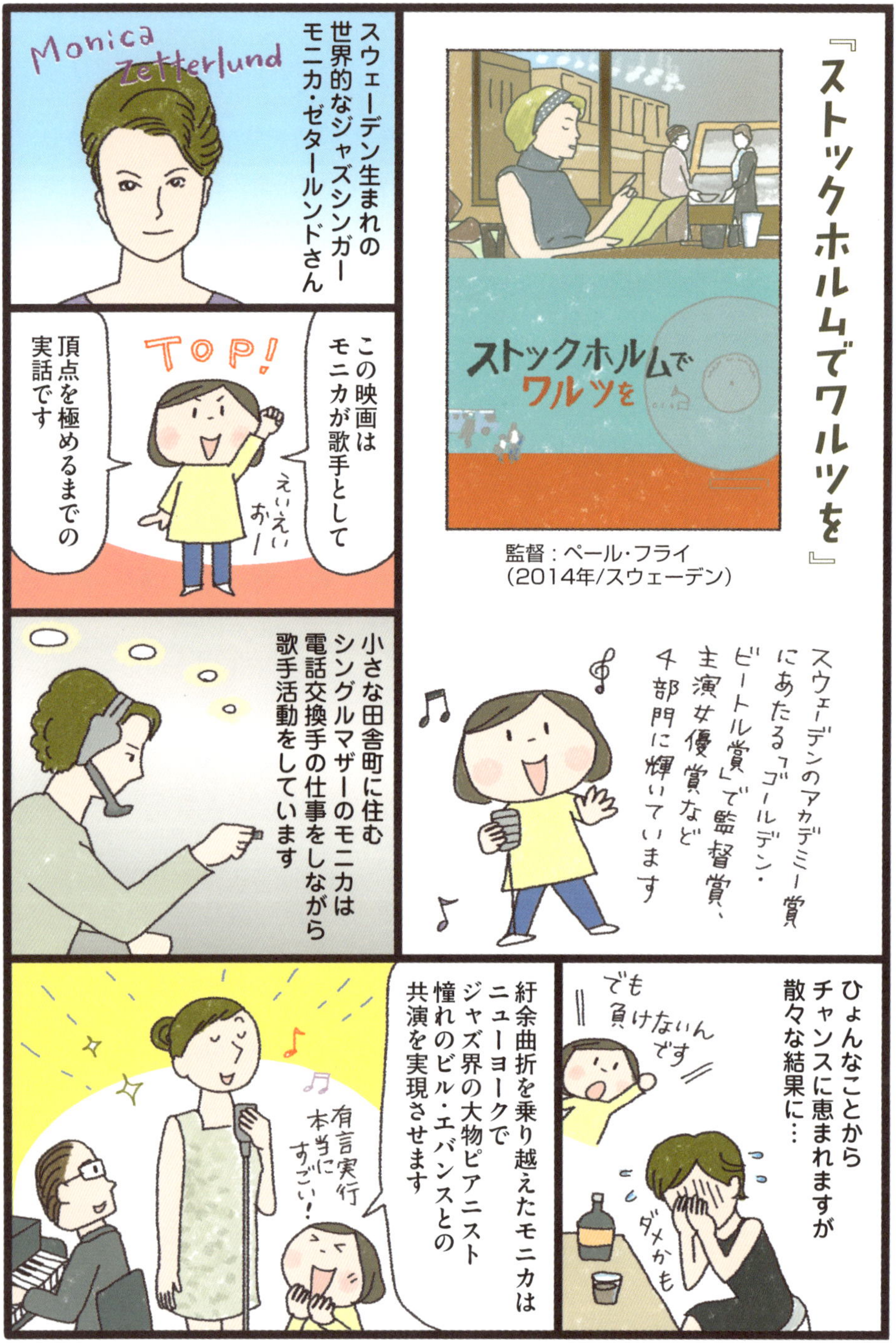
『ストックホルムでワルツを』
ストックホルムでワルツを
監督：ペール・フライ
(2014年/スウェーデン)
スウェーデンのアカデミー賞にあたる「ゴールデン・ビートル賞」で監督賞、主演女優賞など4部門に輝いています
Monica Zetterlund
スウェーデン生まれの世界的なジャズシンガーモニカ・ゼタールンドさん
この映画はモニカが歌手として頂点を極めるまでの実話です
TOP!
えいえいおー!
小さな田舎町に住むシングルマザーのモニカは電話交換手の仕事をしながら歌手活動をしています
ひょんなことからチャンスに恵まれますが散々な結果に…
でも負けないんです
ダメかも
紆余曲折を乗り越えたモニカはニューヨークでジャズ界の大物ピアニスト憧れのビル・エバンスとの共演を実現させます
有言実行本当にすごい!

歌手活動に没頭するあまり
子育ての余裕がないモニカに対し
厳格な父は常に冷たく…
連れて行かないで!!
しかし
ビル・エバンスとの共演後
電話があり和解します
ありがとう
お父さんは昔
夢を諦めた
ジャズの演奏家だったの
泣ける
この映画の時代背景は
1950年代から1960年代の
スウェーデン
北欧デザイン全盛期!
5歳の娘
洋服もレトロかわいい!
カーテンに家具!
レトロな洋服や
インテリアは見もの!
ヴィンテージ好きにはたまらない
そして!
やっぱり音楽が
トロけるほど
素敵なんです!
心地良い〜!
洗練された美しいジャズ
「Walkin' My Baby Back Home」
をスウェーデン語でカバーした
モニカはこう歌います
心も弾む春のストックホルム
散歩しながら帰りましょう
そっとキスしたらまた歩き出す
街の中をゆっくりと
春にストックホルムへ
行ったら
絶対口ずさみたい♪

Column

お気に入りのショップ❻

Fika（フィーカ）

伊勢丹がプロデュースする北欧菓子のブランド。
人気デザイナーのかわいいパッケージにメロメロです♡

2013年、「北欧菓子」×「北欧デザイン」×「TEMIYAGE（てみやげ）」をコンセプトに誕生した、伊勢丹新宿店限定の北欧菓子ブランド。「Fika」はスウェーデンでお茶の時間を意味します。

北欧で人気のデザイナーさんが手がけるパッケージは、テキスタイルのようなパターンで統一されていて、ショップはまるで北欧雑貨やさんのよう。お菓子で選んでよし、デザインで選んでもよし、悩む時間も楽しいです。ロゴが入ったおしゃれな手提げ袋も、手土産にぴったり。

私はオープン当初からファンになり、プレゼントや自分用に買っています。箱はかわいい上に丈夫で、道具入れとして大切に使っています。

私のお気に入りは、アプリコットの「ハッロングロットル」（ジャムクッキー）。パッケージはレーナ・キソネンさんのデザインで、色の置き方が秀逸。重めの反対色をドンっと配置するあたりが北欧センスだな～とほれぼれしてしまいます（彼女はフィンランドのテキスタイルブランド「カウニステ」のデザインも手がけています）。

スウェーデンでも定番のお菓子。生地はさっくりソフトな口あたり。ジャムの酸味がマッチしています

こちらは4種類の焼き菓子の詰め合わせ。幸運を運ぶダーラナホースのクッキーにテンションが上がります。

季節ごとやクリスマスなどのイベントごとに限定のデザインが出るので、これからも目が離せません♪

伊勢丹 新宿店
東京都新宿区新宿3-14-1（Fikaは地下一階）　Tel.03-3352-1111
http://isetan.mistore.jp/store/shinjuku/index.html

第7章

作ってみよう!
北欧の料理とハンドクラフト

最後に、北欧の料理や伝統工芸を
自作してみましょう♪

köttbullar

スウェーデンといえば!

たくさん作って
冷凍にも
しちゃう

SWEDEN

ミートボール

スウェーデンの代表的なお料理、ミートボール。毎日の食卓はもちろん、クリスマスのようなイベントの時にも必ずテーブルに並ぶ国民食です。ポテトと一緒に食べるのが伝統的なスタイルです。

5人分

- 合いびき肉…1kg
- パン粉………100g
- 牛乳…………300ml
- 生クリーム…100ml
- 卵……………2個
- 玉ねぎ………1個
- 塩、白胡椒…小さじ1/2
- 砂糖…………小さじ1/2

1

袋に入れて
ビンでゴロゴロ
しても◎

パン粉をフードプロセッサーにかけ細かくする(すり鉢でもOK)

2

5分

牛乳、生クリーム、パン粉を混ぜ、パン粉が牛乳に馴染むまで5分ほどおいておく

3

ボールにひき肉、塩、胡椒、砂糖を入れ混ぜる

4

卵を入れさらに混ぜ、②のパン粉とみじん切りした玉ねぎを入れよく混ぜる

5

手を水につけてからお肉を丸めていく

6

フライパンにバターまたは植物油をひき、丸めたミートボールを並べて全体に焼き色がつくまでよく焼く

7

or

ゆでたじゃがいも、またはマッシュポテトと一緒にお皿に盛って出来上がり

ソース&
リンゴンベリージャム
を合わせると更に
本格的に
いいにおい～
Luktar gott!

ソースはこちら

- バター………………大さじ2
- 小麦粉………………大さじ2
- 肉汁または水………400ml
- コンソメ
  またはブイヨン…1/2個
- 生クリーム…大さじ2～3
- 醤油または
トマトピューレ……小さじ2
- 塩、胡椒……………適量

1. 片手鍋にバターを入れ、薄くきつね色になるまで待つ
2. 火を止めて小麦粉を混ぜながら入れる
3. 肉汁（または水）を鍋に入れて沸騰させる（肉汁が熱い場合は少しずつ入れる）
4. コンソメまたはブイヨンを入れて3～5分煮た後、生クリーム、醤油（またはトマトピューレ）と塩、胡椒で味を調える

kesäkeitto

夏のスープ

kesäは夏、keittoはスープという意味で、フィンランド語でそのまま「夏のスープ」と呼ばれる定番の家庭料理。野菜がたっぷりと入り、素材の味を存分に活かしたシンプルな一品です♪ お子さんの口にも合うやさしい味わいです。

4人分

- 水………………500ml
- 塩………………小さじ1
- にんじん………1本
- カリフラワー…半分
- グリンピース orえんどう豆…約60g
- じゃがいも……4個
- ほうれん草…適量
- 小麦粉………大さじ1
- 牛乳…………300ml
- パセリやあさつきなど（ディルでもOK）適量
- バター………大さじ1
- 砂糖…………小さじ1

1

パセリとあさつきをみじん切りに

2

水を沸とうさせ、塩を加える

③

約5分

にんじんを食べやすい
大きさに切り、約5分
間煮る

④

じゃがいも、カリフラワーを
食べやすい大きさに切ってグ
リンピースと一緒に入れる

⑤

野菜を煮込んでから
小麦粉を牛乳で溶き、
スープに加える

⑥

ワクワク

すべてに火が通るまで
ぐつぐつ煮る

⑦

仕上げにほうれん草、
砂糖、バターを入れる。
パセリとあさつきを散
らして完成！

いただきまーす
Hyvää ruokahalua!
さっぱりしてて美味しい♡
お野菜たっぷり♪

この料理のポイントは“旬の野菜”を使うことです。塩と少量の砂糖＆バターだけで驚くほど味わい深くなります。フィンランドと日本の旬の野菜は違いますし、その時どきで野菜を選ぶのも美味しく食べるコツです。

Recipe : Tavatabito　http://tavatabito.net/

himmeli

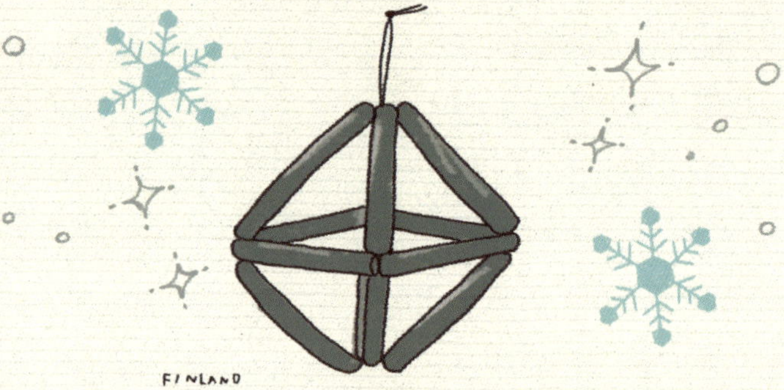

ヒンメリ

「ヒンメリ」はわらで作ったモビールで、フィンランドの伝統的な装飾品です。別名「光のモビール」と呼ばれ、北欧では冬の収穫祭やクリスマス飾りとして親しまれています。今回はストローで作る基本的な8面体のヒンメリをご紹介します。

準備するもの

・ストロー（まずは太めのものが作りやすいです）
・糸（細くて丈夫そうなものなら何でも）
・長めの針（なくてもできますが、あった方がやりやすいです）
・はさみ

---

1 はさみを使い、6cmくらいの長さのストローを12本作ってください

2 まず三本のストローで三角形を作り、糸をAのところで一旦固結びします

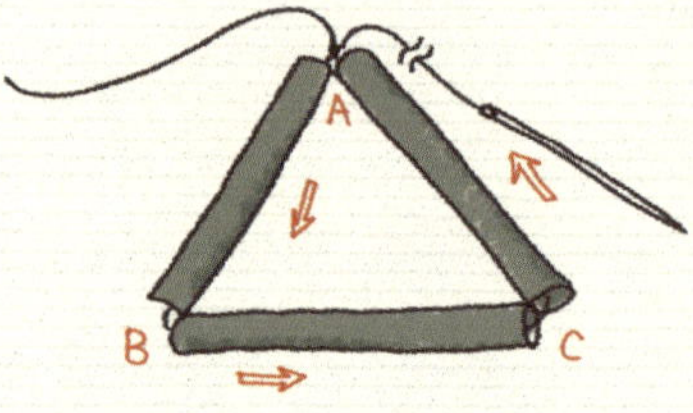

③ つづいてストロー 2本を糸に通しCで結びます。さらにストローを2本、糸に通しDで結びます

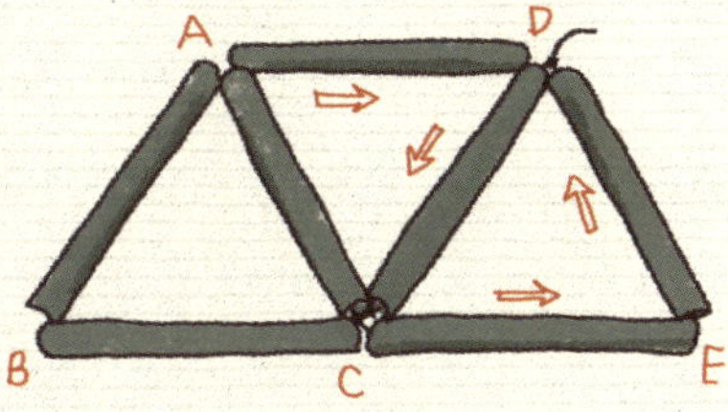

④ さらに2本、ストローに糸を通しEに結び、さらに2本、糸を通しFに結びます

⑤ 最後に1本ストローを糸に通しAに結びます

⑥ Aからストローを通してBに糸を出します

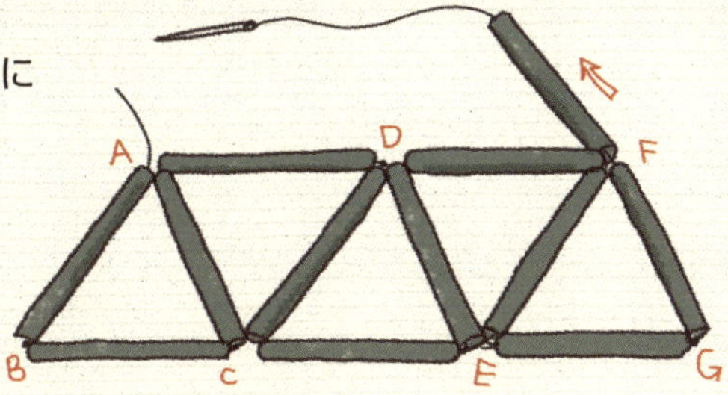

⑦ ⑥でストローを通した糸でB,Gをしっかり結び合わせて完成です

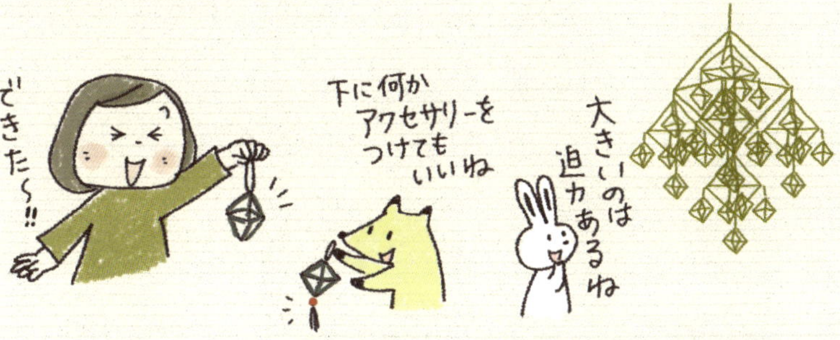

手のひらにのる小さなものから、存在感のある大きなものまで。形も様々あってとても個性的な装飾品です。フィンランドの手芸品屋さんでは、冬が訪れるとともにヒンメリ用の藁が売られています。

＊あとがき＊

「かわいい北欧」をお読みいただき
ありがとうございました！

北欧の〝かわいい〟ものたちはいかがでしたか？

考え抜かれたデザインややさしい素材感、
手になじむフォルム……北欧生まれのものたちは、
「長く使っていきたい」と心から思わせてくれます。

その背景には、北欧の気候も関係しています。
日照時間が少なく、雪に閉ざされる長い冬。
そんななかでも衣食住を快適にし、
丁寧に心地よく暮らすライフスタイルを
北欧の人々は確立してきたのです。

本書では絵本や映画など、
北欧の文化的な側面もご紹介させていただきました。

その素敵な物語や表現からは北欧の人々の考え方や、
私たちも参考にできる暮らしのヒントを
見つけることができると思います。

そしてこの本が読者のみなさんにとって、
北欧へのさらなる興味を深め、
心豊かな生活へとつながるものとなれば
それにまさるよろこびはありません。

最後になりましたが、
制作に携わってくださった皆さま、
本当にありがとうございました！

ナシエ

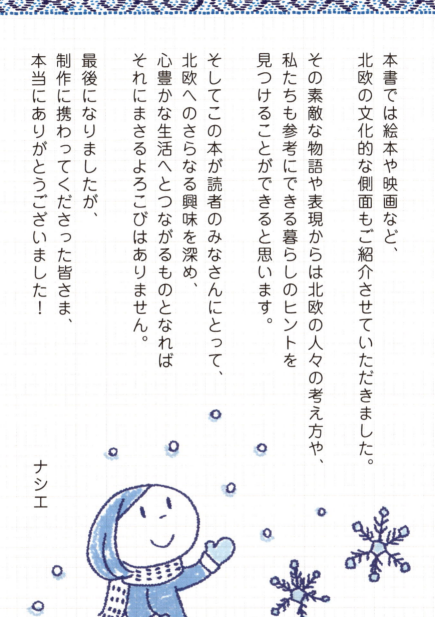

ナシエ
北欧好きイラストレーター。北欧関連のイベントでイラストを手掛けたり、トークやワークショップ、自身のイラスト展を行うなど、北欧の魅力を広めるため、幅広く活動。著書に北欧の旅を描いた『北欧が好き! フィンランド・スウェーデン・デンマーク・ノルウェーのすてきな町めぐり』『北欧が好き! ②建築&デザインでめぐるフィンランド・スウェーデン・デンマーク・ノルウェー』(共にダイヤモンド社)がある。
Web「Nashie's Room」: http://www.nashie.com
Twitter: @nashie748

コミックエッセイの森

かわいい北《ほく》欧《おう》

2018年1月22日第1刷

著者…………ナシエ
装丁…………小沼宏之
発行人………堅田浩二

発行所………株式会社イースト・プレス
〒101-0051
東京都千代田区神田神保町2-4-7
久月神田ビル
tel:03-5213-4700 fax:03-5213-4701
http://www.eastpress.co.jp

印刷…………中央精版印刷株式会社

ISBN978-4-7816-1629-2　C0095

SALMIAKKI